旅鉄車両
ファイル 005

JN085206

国 鉄

EF63形

電気機関車

EF63形 11 号機 ＋ EF63形 ＋ 169系
横川〜軽井沢間　1978 年 10 月
写真／辻阪昭浩

碓氷峠新線のアーチ橋を行く
EF63形。常に重連で運用さ
れた。横川～軽井沢間
1989年1月14日
写真／高橋建士

長野国体お召列車は、高崎〜長野間の牽引をEF62形11号機が務めた。EF63形11・13号機の後押しを得て、碓氷峠を越える。横川〜軽井沢間 1978年10月14日

写真／辻阪昭浩

EF63形を先頭に、これから碓氷峠へと向かう189系特急「あさま」。横川〜軽井沢間　1986年4月27日　写真／新井 泰

碓氷峠を越える貨物列車は1984年に全廃されたが、JR発足後もEF62形の貨物運用は残されていた。　1993年3月8日
写真／長谷川智紀

189系特急「あさま」の峠越えを力強くサポートするEF63形。EF63形の勇姿と力強いブロワー音は多くのファンを魅了した。
横川〜軽井沢間　1989年9月24日　写真／長谷川智紀

1989年に北陸新幹線の建設工事が着工されると、多くのファンが碓氷峠に通い、その勇姿をカメラに収めた。
横川〜軽井沢間　1996年3月　写真／高橋政士

EF63形12号機＋25号機
碓氷峠鉄道文化むら
2022年7月13日
写真／高橋政士
撮影協力／碓氷峠鉄道文化むら

Contents 旅鉄車両ファイル 005

表紙写真：
EF63形16号機
横川機関区
1974年5月4日
写真／辻阪昭浩

資料の都合により、一部の図面は端が歪んでいます。ご了承ください。

第 1 章

EF63形の概要

信越本線の高崎〜長野間直流電化と、アプト式のため輸送上のネックとなっていた碓氷峠の粘着運転用に開発された直流電気機関車がEF62形とEF63形である。標準型となるMT52主電動機を直流電気機関車として初めて採用。自動進段の制御方式も初めて採用するなど、後のEF64形、EF65形の基礎を作った電気機関車ともいえる。

EF62形・EF63形 電気機関車のプロフィール

文●高橋政士　資料協力●岡崎 圭　撮影協力●碓氷峠鉄道文化むら

信越本線横川〜軽井沢間の専用補機として開発されたEF63形だが、直通運転用のEF62形も並行して開発されていた。見た目や用途が異なる2形式だが、技術的には共通項が多く、国鉄の設計資料も2形式をまとめて取り上げている。本稿でも、まずは共通項を2形式まとめて解説し、次項にて個々の形式を紹介していく。

EF63形3号機を先頭に、EF62形まで三重連で峠を下る客車列車。両形式は、峠越えの協調運転を行うため、同じ主要機器を用いて開発された。横川〜軽井沢間　1988年3月　写真／長谷川智紀

国鉄 EF63形 電気機関車

急勾配区間用の 専用電気機関車

信越本線の高崎〜長野間を直通可能なものがEF62形で、横川〜軽井沢間の碓氷峠にある66.7‰区間の専用補助機関車がEF63形となる。EF62形では軸重に制限のあった軽井沢〜長野間で運用されるため軽量化に重点が置かれ、EF63形は急勾配区間の補助機関車として、牽引力に加え、勾配を下るためブレーキ性能に重点を置いた設計となっている。

外観が大きく異なるため、違う機関車のように感じるが、重連総括制御を行うため制御装置など

はEF62・63形ともほぼ同じで、装備の違いによって本線用か補助機関車の仕様の違いはあるものの、実質的にはほぼ同じ機関車と考えてもよい。

主電動機にはEF70形で初めて採用されたMT52をEF60形2次車に先駆け、直流電気機関車で初めて採用した。EF62・63形の試作車である1号機は1962（昭和37）年5月に完成。6月より各種の性能試験が行われ、試験結果を元に改良を加えられた第1次量産車が1963（昭和38）年3〜7月にかけてEF62形は23両、EF63形は第2次量産車と合わせ

EF62形・EF63形諸元表

		EF62形(1号機)	EF62形(量産)	EF63形(1号機)	EF63形(量産)
機関車重量	運転整備全重量	92.00t	96.00t	108.00t	108.00t
	空車全重量	91.17t	95.17t	106.49t	107.10t
電気方式		直流1500V	←	←	←
機関車容量 (線電圧 1500V／時)	1時間定格出力	2550kW	←	←	←
	1時間定格引張力 (全界磁)	22600kg	23400kg	22600kg	23400kg
	1時間定格速度 (全界磁)	40.4km/h	39km/h	40.4km/h	39km/h
	電動機形式	MT52	←	←	←
	電動機個数	6	←	←	←
	最高許容速度	100km/h	←	←	←
動力伝達装置	方式	1段歯車減速 ツリカケ式	←	←	←
	歯数比	16:71＝1:4.44	←	←	←
制御方式		重連 橋絡ワタリ 3段組合セ、弱界磁	←	←	←
		軸重移動補償、 バーニア制御	←	バーニア制御	←
制御装置		カム軸接触器式	←	←	←
		電磁空気単位 スイッチ式	←	←	←
		制御回路電圧 100V	←	←	←
列車暖房装置		電動発電機式 MH107-DM69 単相交流 60サイクル320kVA	←	−	−
ブレーキ装置		EL14AS 空気ブレーキ	EL14AS 空気ブレーキ (ツリ合管式)	EL14AS 空気ブレーキ	EL14AS 空気ブレーキ (ツリ合管式)
		発電ブレーキ装置	−	発電ブレーキ装置	←
		−	−	電磁吸着ブレーキ	←
		−	−	非常停留装置	←
		ネジ手ブレーキ (全軸)	←	ネジ手ブレーキ (全軸)	←
台車形式	両端台車	DT124	←	DT125	←
	中間台車	−	−	DT126	←
無線電話装置		無線電話装置	←	←	無線電話装置、 連絡用電話装置
車内警報装置		−	S形	−	S形
製造初年		昭和37年(1962年)	昭和38年(1963年)	昭和37年(1962年)	昭和38年(1963年)

EF62・63形機関車 付図(1962年6月)、EF62・63形式直流電気機関車(量産)付図(1964年2月)から作成

て12両が登場した。

電動カム軸接触器による 自動進段とバーニヤ制御を採用

主制御器はそれまでの直流電気機関車の標準的な構成であった電磁空気単位スイッチではなく、電車と同じような電動カム軸接触器を採用した

CS16となっている。国鉄の新型電気機関車で電動カム軸制御器を本格的に採用した初めての形式となった。

カム軸接触器は大変コンパクトで軽量化が可能な上に、抵抗制御の多段化にも有用だ。多段化することによって力行時のトルク変化が少なくなり、空転の発生を抑制できる。

国鉄 EF63形 電気機関車

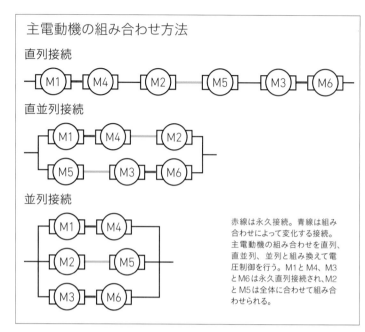

主電動機の組み合わせ方法

直列接続

M1 — M4 — M2 — M5 — M3 — M6

直並列接続

M1 — M4 — M2
M5 — M3 — M6

並列接続

M1 — M4
M2 — M5
M3 — M6

赤線は永久接続。青線は組み合わせによって変化する接続。主電動機の組み合わせを直列、直並列、並列と組み換えて電圧制御を行う。M1とM4、M3とM6は永久直列接続され、M2とM5は全体に合わせて組み合わせられる。

国鉄 EF63形 電気機関車

EF62・63形ではこれに加えてバーニヤ制御器としてCS17も採用している。バーニヤ制御とは、主制御器1段分の制御をさらに多段化することで滑らかな加速を行うための制御方式だ。バーニヤ制御を必要としない場面では機能をOFFとすることも可能となっている。なお、電動カム軸方式のバーニヤ制御器はED60形などでも採用されている。

抵抗制御では停止状態の主電動機に高い電圧を印加すると非常に大きな電流が流れ、主電動機を破壊してしまうため、大きめの抵抗を主回路に挿入して電流を抑制している。速度上昇と共に主電動機回転数も上昇するが、この時電流は徐々に減少し、主電動機のトルクは減少して加速力が落ちてしまう。

そこで抵抗値を小さくして、再び主電動機に大きな電流を流し加速力を確保するという制御を行う。EF60・61形までの手動進段の場合、機関士が主回路電流計の数値を確認しながら進段（ノッチアップ）する必要があるが、EF62形では限流継電器を設けて主回路電流値を監視し、電流値が小さくなると自動的に進段する制御とした。

自動進段であることとバーニヤ制御との組み合わせで、力行時のトルク変化が少なくなっている。さらに自動進段では電流値の確認をせずとも運転が可能で、その分機関士は前方を注視する運転が

可能となる。

しかし、自動進段だけでは勾配牽き出し時や列車の重量によっては牽引力（加速力）の調整ができず、運転時分に大きな差が出てしまう。そこで限流値を大きくして大きな牽引力を得られるように、限流値調整ハンドルが主幹制御器（マスコン）に併設されている。

電圧制御では主電動機の組み合わせを直列、直並列、並列と組み換えて行う。この組み合わせは軸重補償や弱め界磁制御の関係で、M1とM4、M3とM6を永久直列として、M2とM5を全体にあわせて組み合わせている。直列段ではM1・M4・M2・M3・M6・M5と直列接続し、直並列段では直列接続したM1・M4・M2とM3・M6・M5と3基ずつ直列接続したものを並列接続、並列段ではM1・M4、M2・M5、M3・M6と2基直列を3組並列接続している（左上図）。また、M1とM4、M3とM6は回転方向が逆なので、界磁を逆接続している。

この切換（渡り）には一般的に採用されていた短絡渡りではなく、ED42形で初めて採用されたホイートストンブリッジ回路を応用した橋絡渡りを、国鉄の6軸駆動電気機関車として初めて採用した。短絡渡りでは6基の主電動機のうち半数を切り離すため、この間に大幅な牽引力低下を招くが、橋絡渡りでは変動がほとんどないので、切換時のショックの軽減や、トルク変化による上り勾配での空転の抑制に大きな効果を発する方式となった。

弱め界磁制御とノッチのステップ

弱め界磁制御はED60形などと同じく、界磁分流によって行う。弱め界磁は非自動となる直列段1〜6ノッチの1ノッチ目を61%界磁として、起動時のショック低減を図っている。なお直列段の1〜6ノッチは捨てノッチと呼ばれ、主に単機で入換を行う際や、列車起動時のショック軽減などに用いられ

るノッチである。

　直列段ノッチの7〜11ステップは自動進段となり、直並列段ノッチ12〜18ステップで、18ステップ以降は弱め界磁が4ステップ、最終の並列ノッチが19〜24ステップで、最終24ステップの後に弱め界磁が4ステップある（EF63形では若干異なるので17ページで後述する）。

　連続運転位置は各ステップで主抵抗器が抜かれた状態となり、直列段最終の11ステップ、直並列段最終の18ステップと弱め界磁4段、並列段最終の24ステップと弱め界磁4段が連続運転可能位置となる。

精度を向上させた
空転滑走の検出方式

　勾配を走行する上で重要な空転滑走検出は、EF62形ではパルスカウント方式として精度の向上を図った新しいものとなった。各軸の歯車箱の小歯車に近接して速度検出用発電機が設けられ、小歯車が回転することにより歯先を検出して交流電圧を発生する。それを直流電圧に変換して電圧差によって空転および滑走を検出する。

　力行時は空転していない軸の発電電圧が一番低く、制動時には滑走していない軸の電圧が一番高いことを基準としている。速度差の検知感度は試作車での走行試験の結果、2.7km/hに設定され、正確な空転・滑走の検出が可能となった。

　EF63形では各車軸に取り付けられた直流車軸発電機によって検出する方式となっている。

　空転の再粘着制御には「電機子分路再粘着」という新しい方式が採用された。これは空転発生時に電機子電流を並列に接続した分流抵抗へバイパスすることにより、トルクを減少させるものだ。同時に空転軸に対して撒砂を行い再粘着を促している。

　電圧制御の項で述べた通り、主電動機は並列ではM1・M4、M2・M5、M3・M6と3回路が並列接続しているため、分流抵抗器はこの3回路分（EF63形は個別）に分かれている。

進行方向の逆転には
電機子転換方式を採用

　進行方向を逆転する方式は、従来の電気機関車

EF63形の1エンド側運転台にあるバーニア調整器（左上）と限流値調整器（中央）。

マスコンの前後進逆転ハンドルには前後とも「力行・発電」位置がある。

逆転ハンドルの位置を選択すると、マスコンハンドルの操作で力行および発電ブレーキを制御できる。

では界磁を逆転させる界磁転換方式が用いられていたが、下り勾配で抑速用発電ブレーキの作用を確実にするため、EF62・63形では界磁電流の方向はそのままとし、発電ブレーキ電流を速やかに立ち上げるため、電機子電流の向きを変える電機子転換方式を採用した。

　EF62・63形の発電ブレーキはマスコンの前後進逆転ハンドルに「前／力行・発電」「後／力行・発電」の位置があり、マスコンの操作により力行および発電ブレーキを制御するようになっている。これに使用されているのが電機子転換用のCS18転換制御器で、優れた最粘着特性を得るため、6基の主電動機を独立回路としている。また、停電時などで勾配を下る必要が起きた際に、電機子端子を短絡した状態で、3km/h程度の速度で勾配を下る短絡ブレーキ回路を構成できるようになっている。

　なお、量産先行車では発電ブレーキの立ち上がりを確実とするため予励磁回路が設けられていたが、試験の結果なくても問題ないとされ、量産車では採用されなかった。

国鉄 EF63形 電気機関車

EF63形の
メカニズムと
ディテール

ここからは EF63 形に特化して、その詳細を見ていく。まずは EF63 形の特徴的なメカニズムと、製造時期によるディテールの違いを紹介する。急勾配専用の機関車なので、制御装置はもとより、空転滑走検知装置はより精度の高いものを搭載している。

国鉄 EF63形 電気機関車

1963年に登場した1次量産車の7号機。ジャンパ連結器は48ページに掲載した登場時の図面のもので、その後のものとは配置が異なる。
横川　1964年4月26日　写真／辻阪昭浩

1号機の性能確認試験で
連結位置や重連運転を決定

　EF63形は、碓氷峠区間（以下、碓氷線）の補助機関車として製造された重連総括制御付きの直流電気機関車である。EF62形とも重連総括制御を行うため、基本性能はEF62形と同等だが、急勾配区間の補助機関車として専用の装備を持っている。EF62形と同じ1962（昭和37）年5月に試作の1号機が登場。EF62形1号機と共に粘着運転用に完成した碓

氷線で性能確認試験が行われた。

　EF63形は専用補助機関車であることから、EF62形に採用された電気暖房装置などはなく、また、1級線（当時）で建設された碓氷線専用であることから、運転整備重量が108t、軸重は18tと、国鉄新型電気機関車では最重量級となった。

　試験の結果、碓氷線での連結位置は常に下り勾配方の横川方で重連となり、勾配を登坂する下り列車では先頭に立つEF62形と協調運転を行い、降坂する上り列車ではEF62形と重連総括制御を行う。

EF63形の制御

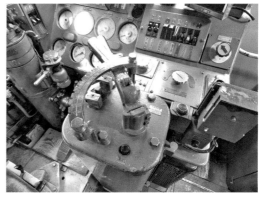

EF63形12号機のMC35主幹制御器。EF62形と比べノッチが少なくなっている。

専用の主幹制御器と電機子転換式発電ブレーキを採用

　制御方式はEF62形とほぼ同じだが、軸重がEF62形より大きいことから、引張力のバランスを取るため弱め界磁は直列・直並列・並列最終ステップの88％のみとしている。台車に機械的軸重補償装置があることから、そのほかのノッチでは全界磁としている。自動進段であることからマスコンハンドルは直列手動段のS1〜S6ノッチ（捨てノッチ）と、S（直列）、SP（直並列）、P（並列）の9ノッチで、EF62形の13ノッチに比べて少なくなっている。このた

め主幹制御器はEF62形のMC34とは異なり、EF63形ではMC35となっている。

　勾配抑速用の発電ブレーキはEF62形と同じく電機子転換式を採用している。これは力行時に界磁の磁気枠に磁気が残留しており、この残留磁気を利用して発電ブレーキ電流を速やかに立ち上げるためだ。界磁転換方式では残留磁気が逆方向となるため、界磁を転換しないと発電ブレーキが作用しない。勾配を下る列車は軽井沢を発車する際にま

EF63形電気機関車力行ノッチ曲線（量産）

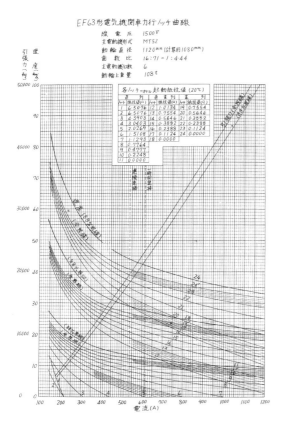

EF63形電気機関車ブレーキノッチ曲線（量産）

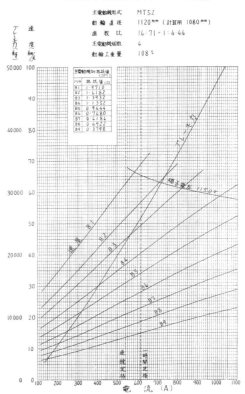

国鉄 EF63形電気機関車

ず力行するため、電機子のつなぎを逆転した方が確実に発電ブレーキ電流を立ち上げることができるのだ。

　操作方法はEF62形と同様で、主幹制御器の前後進逆転ハンドルに「前／力行・発電」「後／力行・発電」の位置があり、マスコンの操作により力行および発電ブレーキを制御する。前述のようにマスコンは9ノッチなので、ブレーキノッチは弱め界磁ブレーキノッチがないB1〜B9ノッチとなっており、B1・B2ノッチは捨てノッチとなっているところがEF62形と異なる。

空転滑走検知装置と
きめ細かい再粘着制御

　空転滑走検知装置は、EF63形では各車軸に取り付けられた直流車軸発電機の発生電圧を比較する方式となっている。3軸台車のEF62形では輪軸の横動があったため車軸発電機が使えず、歯車の

動きを検出するパルスカウント式が用いられたが、EF63形の2軸台車では車軸発電機が使えるため、この方式に落ち着いている。

　空転滑走を検知した場合の再粘着は、EF62形と同じ電機子分路再粘着を行うが、EF63形では再粘着制御をきめ細かく行うために分流抵抗器を主電動機個別としている。発電ブレーキ使用時の滑走についても、電機子電流を分流することにより発電ブレーキを弱めて再粘着を図っている。

2エンド側の高圧機器枠に設置された空転滑走検知装置。

EF63形用空転滑走検知装置（1号機）

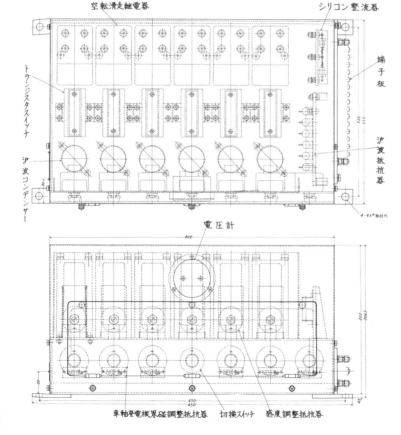

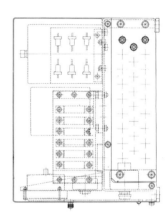

EF63形の車体と量産車

今回、徹底取材を行ったEF63形12号機。1次型の第2次量産車に該当する。

重連運転が前提の貫通型
大柄に見える箱型車体

　EF63形同士およびEF62形と重連運転を行うため、前面貫通扉付きの箱型車体である。EF62形と違って総重量の制限は厳しくないため、軸配置B-B-Bの電気機関車としては標準的な中梁付きの車体となっている。

　しかし、搭載機器が多いため構造材にはプレス成形品を多用して、軽量化を考慮しつつ強度向上も図られている。特に発電ブレーキ用に主抵抗器容量が大きく、専用電動送風機と共に2組多いため、機器室内に搭載できない元空気ダメ、供給空気ダメ、制御空気ダメなど15個の空気ダメが床下と台車の間に設置されている。このため床面高さがEF62形より20mm高く、さらに屋根までの高さもEF62形より90mm高いため、車体は大変大柄に見える。

　側面はEF62形のように側梁の補強用トラス構造がないため、冷却風取入口のヨロイ戸は大型であるものの下寄りに設けられていて、その上に細長い明かり取り窓が設けられる外観となり、EF62形とは大きく違った印象になった。

　前面は車体強度確保のため前面窓の縦寸法がEF62形より40mm狭く、曲面ガラスは使用せずに平面ガラスで構成され、前面窓自体も高い位置にある。これに伴って貫通扉自体も100mm高い1,700mmとなっており、重連運転が基本のEF63形では乗務員の往来が容易となっている。この貫通扉上部には扉に連続するような形で運転室用のベンチレータが設けられていて、EF62形とは違った独特の雰囲気となっている。

　量産車では内部機器の配置には変化があったが、寸法の変更を伴う大きな変更はなく、外観に多少変化が生じている。試作車の1号機では前面窓には簡単な水切りしかなかったが、量産車では側面の

189・489系用に多芯のKE70が追加された。また碓氷線を運転する気動車列車がなくなったことからKE62は取り付けられていない。

　ジャンパ連結器栓受けはKE77が3個(うち1個は165・181系用)、115系用のKE76が1個。169・189・489系用のKE70が1個となって、2エンド側の表情が変化した。このうちKE70(103系にも使用)は多芯で大型なので目立つ存在となった。

　1976(昭和51)年には最後の増備となる第8次量産車の24・25号機が新製された。これは前年10月に発生した5・9号機の脱線転覆事故の補充用であった。基本仕様は22・23号機と変わりはなく、前グループから乗務員室扉上の水切り端部の形状が簡素化されたのも同じである。

　こうしてEF63形は全25両が製造された。形態的には試作車の1号機と、1次型とも呼ばれる2〜13号機、2次型の14〜21号機、3次型の22〜25号機のグループに分けられる。

EF63形のディテール

碓氷峠鉄道文化むらに保存されているEF63形1号機。ぶどう色2号をまとうが、量産化改造のほかにも逐次改造が加えられているので、登場時のオリジナルの姿ではない。それでも1号機ならではの特徴が残されている。

パンタグラフはPS17を搭載。下枠交差型への交換はされなかった。

前照灯は左右に2灯を配置。中央のルーバーは通風口で、運転席に風を導く。13号機までは避雷器の位置が助士席側に寄っていた。

10号機の屋上を俯瞰した様子。2エンド側のモニタ屋根は中央で分割されていて、主抵抗器冷却風の排気は中間部分を含めて4列から排気される。

架線柱が邪魔しているが、ラストナンバーのEF63形25号機を、1号機と同じ1エンド側から撮影する。スカートの形状が変わり、前面窓上に水切りが加わるなど細部が変わり、同じ形式だが厳つさが増して見える。

前面窓は平面窓3枚で構成された、他形式に見ない独自の形状。熱線の入ったデフロスタを備える。

1エンド側の側面にある蓄電池室扉。16号機以降は上部に水切りが設置され、1〜15号機にも追加設置された。

ルーバーは中央を境に前後で4枚ずつ並ぶ。1・4・5・8枚目の裾は角が丸い。その上には明かり取り窓が並ぶが、EF64形などとは形が異なる独特なもの。

製造時期による形態の差異

乗務員室水切

1号機は乗務員室扉の周りだけで、前面窓には及んでいないのが特徴。

2〜17号機は水切りが前面窓まで及び、乗務員室扉の後方でカーブを描く。写真は12号機。

18〜21号機は水切りの後端が斜めの直線に変更された。写真は18号機。

22〜25号機は水切りの後端が少し延ばされた。写真は25号機。

後部標識灯

1〜13号機の後部標識灯。折畳式後部標識があり、写真は上にたたまれた状態。廃止後に撤去されたため、1970年代前半にはすでにこの姿ではない。写真／辻阪昭浩

14〜21号機は大型の内填め式に変更。折畳式後部標識を外したものと同じ姿。写真は12号機。

22〜25号機は小型外ばめ式に変更。形状の変化は大きく、既存の車両から表情を変えた。写真は25号機。

スカート

1号機は、ED60形と同様の側面がカーブした形状のものを装着。
引退までこの姿だった。

2号機以降の量産車では、角張った形状のものが装着された。
写真は24号機。

ナンバープレート

1〜21号機は前面も側面も切り抜き文字のナンバーのみが並ぶ。
側面の製造銘板だけプレートになる。

22〜25号機は台座に切り抜き文字を取り付けたブロックナンバー
プレートを装着。後部標識灯とともに、近代的な表情に一役買う。

フランジ塗油器

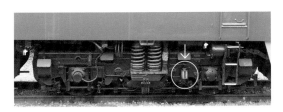

1〜15号機は1軸目の軸箱と枕バネの間に、円筒形のフランジ塗油器の
油タンクを装着する。

16〜25号機は同じ位置にフランジ塗油器の油タンクを装着するが、角形
の大きなものに変更された。

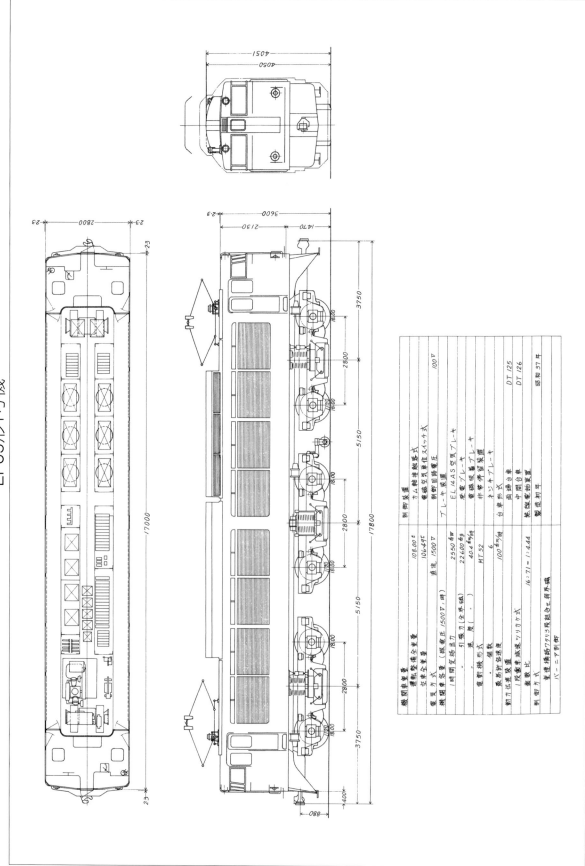

EF63形1号機

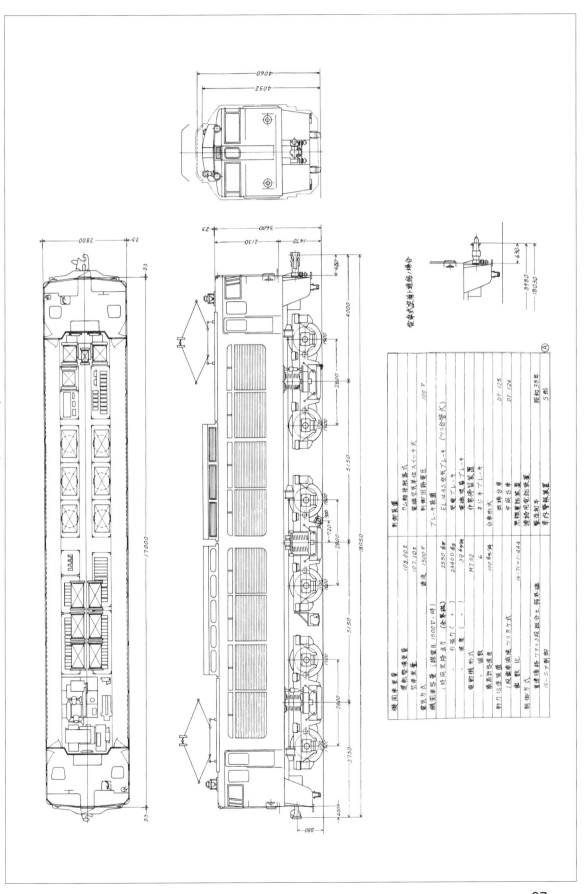

EF63形量産車

機関車要業		
運転整備重量	108.00t	
空車重量	107.10t	
電気方式	直流 1500V	
機関車容量（架空線圧1500V時）	2550馬力	
1時間定格出力（全界磁）	2340.0馬力	
引張力（〃）	39620kg	
速度（〃）	MT52	
電動機形式	6	
〃個数	100km/h	
最高許容速度		
動力伝達装置	1段歯車減速ツリカケ式	
歯数比	16:71=1:4.44	
制御方式	直並列弱メ3段組合せ界磁制御	
パーニア制御		

制御装置		
カム軸接触器式		
電磁空気単位スイッチ式		
制御回路電圧	100V	
ブレーキ装置		
EL14AS空気ブレーキ（ツリ合管式）		
発電ブレーキ		
電磁吸着ブレーキ		
非常停止装置		
ネジキブレーキ		
台車形式		
両端台車	DT125	
中間台車	DT126	
無軌重貼装置		
連結用電話装置		
製造初年	昭和38年	
車10客貨装置	5形	

27

横軽対策の改良

66.7‰を粘着運転で越えるのは前代未聞のことで、試運転を行う中でさまざまなトラブルが発生し、機関車はもとより、峠越えをする旅客車や貨車にも対応が迫られた。こうして台枠や連結器、台車などに対策が施された専用車が開発され、峠越えが可能な牽引定数も定められた。

訓練運転で発覚した
連結器の不具合

　試作車の試験結果を反映して第1・2次量産車の2〜6・7〜13号機が1963(昭和38)年に登場した。これらの量産車はEF62形の量産車と共に10月1日からの粘着運転開始に向けて訓練運転を開始した。

　この訓練運転でEF63形を重連で使用した際、4〜5月にかけていくつかの問題が発生した。特に非常ブレーキ時には連結器に大きな負荷(自連力)が

加わることとなり、この自連力によって客車や貨車の連結器や連結緩衝器の破損、衝撃による電車の床下機器落下、輪重抜けによる脱線が起きた。

　特に自動連結器の割損は6件発生し、問題となった。これについては非常ブレーキ時の停止直前の衝動を緩和するため、EF63形では10km/hまで減速した時点でブレーキ力を約33%減少させる一段緩め作用を実施することとなった。これは過速度検出装置の標準速度検出用発電機の出力を利用して、制御弁に新たに設けられた一段緩め電磁弁を励磁するものである。また、車掌弁も一気にブレーキ管圧力が下がらないように絞りを設け、両用連結器体も強化型に交換するなどしている。

碓氷峠対策車には
Gマークを標記

　さらに牽引される車両においても、一気に減圧しないように車掌弁に絞りを取り付けたほか、台枠の一部補強、台車横揺れ制限の強化、連結緩衝器バネの交換、空気バネ台車の空気を抜くための電磁弁と操作回路の追加などの通称「横軽対策」が施工され、施工済み車両には形式標記前に「信越線急勾配区間用標記」である直径40mmの●印が標記されることになった。通称はGマークと呼ばれているが、勾配を意味する「Gradient」の頭文字に加え、「Good」のGではないかともいわれている。

連結器や連結緩衝器の対策中なのか、1エンド側の連結器が外されたEF63形2号機。横川　1963年6月2日　写真／辻阪昭浩

横軽対策車は、協調運転に対応していなくても、形式標記の前に●印が入れられた。特急形電車では赤色2号だったので「赤玉」と呼ばれた。左の◆印はPS21などの折り畳み高さの低いパンタグラフを搭載した「低断面トンネル対応車」の標記。1986年4月7日　写真／高橋政士

EF63形を先頭に、三重連で峠を下る貨物列車。当時は車扱輸送が基本で、2軸貨車が多数走っていた。横川〜軽井沢間　1964年4月26日
写真／辻阪昭浩

　以上のような改造を終えて効果を確認後、1963（昭和38）年7月15日に碓氷新線が開通。EF63形重連とモハ80系6両による記念列車が運行され、16日からはモハ80系による臨時急行「軽井沢1・2号」の2往復が運転を開始した。

　そして8月5〜6日には貨車、9〜10日には客車、13〜15日には電車、20〜22日には気動車の確認試験を行い、9月5日から順次碓氷新線に列車を移行し、9月30日に全列車を新線に移行。10月1日から全面的に新ダイヤで新線に移行した。予備としてアプト線も残した状態での運転となった。

運転を始めて見つかった
トラブルに逐次対応

　順調に新線に移行した碓氷線だが、1963（昭和38）年10月16日に、下り貨物列車最後尾の緩急車前軸が脱線する事故が、軽井沢駅直前の矢ケ崎信号場で発生した。原因を調査したところ、勾配の変更点である縦曲線を通過した際の自動連結器の

噛み合いに問題があることが判明した。原因が判明したことで、当面の間は緩急車の前に空車などの軽い貨車を連結しないことや、EF63形の連結器にグリスを塗布して自動連結器の上下動を円滑にする、縦曲線上での力行手順を変更するなどの対策を取った。

　また、車掌車については2段リンクのヨ5000形の入線を制限し、リンク式のヨ3500形を使用することが定められた。碓氷線に入線できる車掌車についてはGマークではなく、デッキの柱を白色に塗って区別した。

　この横軽対策で自動連結器の改良が行われ、全国的に列車重量も増大していたことから、1966（昭和41）年に「強化型自動連結器」が開発された。一部寸法が変更されているが、形状は従来の並型自動連結器と同様で、合金鋼を使用することで強度アップが図られている。

　また、1975（昭和50）年に起きた脱線転覆事故を鑑み、過速度検知装置をより精度が高く、信頼性

新線切換時の花形列車は、1961年に運転を開始したキハ82系の特急「白鳥」だ。アプトからEF63形に交代し運転を継続。1965年10月に「はくたか」に改称された。横川 1965年2月20日 写真/辻阪昭浩

首都圏通達第38号 昭和53年9月28日

横川・軽井沢間列車運転に対する特殊取扱いその他について

昭和52年7月 高崎鉄道管理局

下り列車

| EF63 | EF63 | 客車36車 | 貨車40車 | EF62 |

上り列車

| EF63 | EF63 | EF62 | 客車36車 | 貨車40車 |

| EF63 | EF63 | 電 車 |

運転方式	電車形式	換算輌数	実輌数
非協調	115系157系165系181系	34.0	8
非協調	80形式85形式86形式87形式	32.0	7
非協調	185系	30.5	7
協調	169系	52.0	12
協調	489系	55.5	12
協調	189系	53.0	12

EF63形の連結位置と連結可能両数。客車、貨車の両数は換算両数。電車については表も参照。第4章でアプト式時代の連結可能両数を掲載しているが、連結両数は大して変わらないが、所要時間の短縮や電車も峠越えが可能になった効果は大きかった。出典/『樫糧114 高鉄運転史』より

碓氷線があった頃の横川駅ホームにあった説明板。上が「EF63機の概要」、下が「碓氷峠線路及び運転概要（下り）」。左側面に別途「碓氷峠線路及び運転概要（上り）」もあった。1993年8月23日 写真/林要介

の高いものに交換した。従来のものはアナログ演算式であったため、故障すると運転不能に陥っていたが、新しいものはデジタル並列演算照査方式として、三重系とするフェイルセーフ設計となっている。

同時に速度計発電機と遊輪を一体化したものとし、遊輪直径を300mmから340mmに変更している。1978（昭和53）年に試作、翌年から性能確認を行い、試験結果が良好だったので当時所属したEF63形全機を新型の過速度検出装置に交換している。

牽引定数

順序は前後するが、試運転の結果、碓氷線での牽引低定数は以下のように定められた。

貨物列車 EF62形＋EF63形×2 400t

客車列車 EF62形＋EF63形×2 360t

電車列車（165系）EF63形×2 8両（4M4T）

電車列車（80系）EF63形×2 7両（4M3T）

気動車列車 EF63形×2 7両（5M2m）

※5M2mのMは2基機関、mは1基機関の気動車

協調運転用電車の登場

アプト式から粘着運転に切り換えたものの、当初の計画ほど牽引定数を増やせなかった。そこでEF63形と協調運転が可能な電車を開発し、8両編成から12両編成へ増強。人気観光地の軽井沢や長野への旅客需要に応えた。

EF63形とEF62形の三重連で碓氷峠を下る12系の臨時列車。EF62形とEF63形を連結した場合は総括制御となる。横川〜軽井沢間　1990年3月
写真／長谷川智紀

EF62形から始まった
EF63形との協調運転

　碓氷線では横川方のEF63形が本務機となり、重連総括制御される2両目のEF63形が第1補機となって、下り列車の先頭に立つEF62形は碓氷線内のみ第2補機という扱いになる。

　先頭で第2補機のEF62形と、本務機のEF63形の間は架線を利用した誘導無線によって連絡を取り合い、先頭のEF62形は信号喚呼など前方を注視し、本務機からの指示によってマスコン操作を行っていた。よって「協調運転」となる。

　力行はまず後押しとなるEF63形から行い、それから本務機のEF62形へ力行の指示が出る。これは先行するEF62形が先に力行すると連結器が伸びてしまい衝動などが発生するためだ。

　量産車からはATS-Sが実装されることになったが、下り列車進行中（登坂中）に先頭の第2補機でATSが作動すると、力行中の本務機と第1補機によって大きな自連力が発生してしまう。そこで碓氷線内で誘導無線を使用可能にするとともに、先頭の第2補機のATSをOFFにして、本務機のATSを作動させる「区間切換スイッチ」が設けられた。

　また、第2補機の車掌弁によって非常ブレーキを

381系「しなの」と並ぶ169系。169系の登場により12両編成の電車による峠越えが可能になった。長野　1983年8月17日　写真／髙橋政士

国鉄 EF63形電気機関車

取り扱った時は、無線により本務機に呼出信号を送り、本務機においても非常ブレーキ扱いを行う。同時にブレーキ管に気圧スイッチを設けて、ブレーキ管の減圧を検知し、力行回路を遮断するようになっている。

なお、誘導無線は聞き取りづらいため、1975（昭和50）年に電車線（架線と軌道）を利用した誘導無線方式から、漏洩同軸（LCX）ケーブルを使用した無線装置に交換している。これによりEF62形との協調運転連絡用のほかに、横川機関区や横川駅、軽井沢駅とも通信が可能となった。

1980年代後半には防護無線の機能が追加され、1990年代に入ると碓氷線のトンネル区間における無線感度向上のため、EF63形の1位と3位にC'アンテナの取付改造が行われている。これはEF62形も同様である。

初の協調運転対応 169系直流急行形電車

EF62形とは下り列車では協調運転、上り列車では総括制御が可能であったが、電車列車はEF63形に牽引される無動力運転となっていた。しかし、高度成長期による観光ブームから、8両編成に制限されていた碓氷線は信越本線のボトルネックとなっていた。

そこでEF63形から電車の力行・抑速ブレーキを制御して、12両編成までを通過可能とする電車協調運転が計画され、1967（昭和42）年に165系を基本として制御回路を追加した165系900番代が試作された。量産車はすでに修学旅行用の167系が存在したことから169系となった。169系は一部165系からの改造車が存在したものの量産され、1968（昭和43）年10月の「ヨンサントオ」ダイヤ改正から最大12両編成での電車急行が一挙に10往復運転され、信越本線の輸送力は大いに向上した。

この協調運転は電車側もEF63形から力行・抑速ブレーキを制御するものだが、勾配を登る下り列車では急勾配区間に入るまでは電車の方が加速が良いので連結器が伸びきってしまう。そこへ急勾配区間に差し掛かってEF63形から押し上げられると、自連力によって大きな衝動が発生してしまう。そこで電車側の制御器は2ノッチ相当までしか

485系を協調運転仕様にした489系。写真の先頭車は、クハ481形300番代に相当するクハ489形300番代。車体色はJR化後に塗色変更され、物議を醸した「白山」色。横川〜軽井沢間 1989年9月24日　写真／長谷川智紀

進段しないようにされている。抑速ブレーキも同様で、碓氷線においては電車列車であってもあくまでもEF63形本務機の主導により運転される。

万能型485系の協調運転版
489系交直流特急形電車

　1972（昭和47）年3月15日ダイヤ改正では、客車で運転されていた急行「白山」が電車特急「白山」に格上げされることになり、485系に協調運転用の装備を施した489系が登場。当初はボンネットスタイルだったが、順次投入されるに従って485系と同じ改良が施され、485系200・300番代と同じく3種類の先頭車形状が存在する形式となった。

「あさま」の輸送力を強化
189系直流特急形電車

　489系登場後も特急「あさま」は181系で運転されていたが、非協調運転であるため8両編成が限度で老朽化も進んでいたことから、特急「とき」用に増備された183系1000番代を基本とした協調運転用特急形電車が計画され、形式は185・187を飛び越して189系となった。これは最初の協調運転用電車が169系だったため、形式の1の位を9に揃えたためだ。

　信越本線には曲線が多かったことから、当初は振り子式の381系の投入も考えられていたが、自然振り子式の381系では、碓氷線の通過時に問題があるとされたほか、上野〜高崎間を「とき」と併結する構想もあったようで、併結では編成両数を多くできないことから、「あさま」用に新たに189系を用意することになったといわれている。また、381系0番代に貫通扉があるのは、この併結構想があったためだともいわれている。

　183系1000番代は1974（昭和49）年に「とき」用として投入されたばかりで、189系は翌年に投入が始まっている。1975（昭和50）年6月24日から「あさま」は189系10両編成で5往復の運転を開始し、181系を置き換え。1978（昭和53）年10月2日の改正で10往復中9往復が189系の12両編成となった（1往復は489系12両編成）。この189系投入時に前述のLCXケーブルを利用した無線装置が運用を開始している。

183系1000番代をベースに協調運転に対応した189系。EF63形を前に連結し、峠を下りてゆく。横川〜軽井沢間　1989年9月24日　写真／新井 泰

協調運転をしない
碓氷線対策車

　碓氷線を越えた新性能電車には、これら3形式のほかにも「あさま」の181系や普通列車の115系、185系200番代を使った「信州リレー号」などもある。これらは協調運転に対応していないので、無動力でEF63形に牽引されて運転されている。

　無動力牽引であっても協調運転であっても、本務機のEF63形で運転するため、碓氷線に対応した電車では、被牽引車でATSが作動しないようにする横軽スイッチが設けられている。この横軽スイッチ

碓氷峠を越えた最初の電車特急は181系の「あさま」だった。人気はあるものの8両が上限で、輸送力が不足していた。軽井沢　1972年4月　写真／辻阪昭浩

快速「信州リレー号」で碓氷峠を下る185系200番代。200番代は碓氷峠対応装備を搭載して落成した。横川〜軽井沢間　1989年9月24日　写真／長谷川智紀

をONにしないと、本務機から電車編成最前部（最後尾）までの引き通し回路が構成されず、碓氷線での運転はできない。

　同時に空気バネ付き車両では空気バネをパンクさせる電磁弁が作動する。そのため碓氷線では特急車両でありながらも、乗り心地がゴツゴツしていた。

空気バネをパンクさせる185系200番代のD1電磁吐出弁。写真はサロ185形200番代のもの。
写真／高橋政士
撮影協力／JR東日本

碓氷峠を越える普通列車は、基本的に115系を使用した。協調運転ではなく、無動力牽引で運転された。横川〜軽井沢間　1989年9月24日
写真／長谷川智紀

台車とブレーキ

EF63形の最大の特徴といえるのが、急勾配を安全に越えられるように強化されたブレーキと、それを装備する台車である。独特な逆ハリンク式の台車は、牽引力をあたかもレール面にあるようにすることが可能で、勾配線に適している。ブレーキは何重にも施され、特に電磁吸着ブレーキはEF63形のみの装備である。

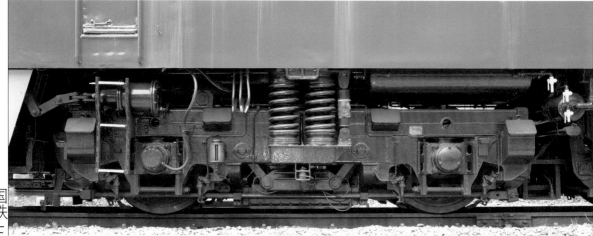

EF63形12号機の2エンド側のDT125台車。枕バネの下に「ハ」の字を逆向きにしたのが逆ハリンク。その下にある横長のものが電磁吸着ブレーキ。

逆ハリンク式を採用し
心皿位置を低く設定

　EF63形の台車は、軸距2,800mmの2軸台車を3基使用する、国鉄新型電気機関車では一般的な構成となっている。両端台車はDT125、中間台車はDT126と、同時に開発されたEF62形の続番だ。

　車体重量はすべて枕バネが負担する全側受式でEF62形と同じだが、この台車の大きな特徴は機械的軸重補償装置として逆ハリンク式の牽引装置が設けられていることだ。中間台車には速度検出用遊輪、勾配途中での停留する際にブレーキの弛緩を防ぐためのブレーキロック装置を搭載。さらに前後台車4軸に作用する手ブレーキ、電磁吸着ブレーキなど、急勾配線区用ならではの特殊安全装備が何重にも設けられている。

　逆ハリンク式は東芝の特許技術で、ED72形で採用されて使用成績が良かったためEF63形でも採用された。車体で牽引力を伝達するスイベル式では、車輪で発生した牽引力を台車から車体に伝達しなければならないが、台車と車体の作用点が高い位置にあると、進行前側の軸重が軽くなる軸重移動が起きやすく、空転が発生してしまう。

　そこで心皿位置を下げる工夫がされる。逆ハリンクは台車枠を横方向から見て逆ハの字形となった4本のリンクで引張梁（牽引梁）を吊るような形になっている。牽引力は台車枠から逆ハリンクを伝って牽引梁に伝達される。このような形状とすることで、引張伝達点（逆ハリンク中心線の交点）が、あたかもレール面上にあるように設計されている（38ページ図）。

　牽引梁はあくまで牽引力のみを伝達し、上心皿は車体重量を負担せずに牽引梁を貫通して、前後方向の牽引力のみを負担する構造となっている。同時に上心皿は台車枠を貫通しているので、横揺れ防止のストッパを兼ねた構造となる。

　しかし、試作車で実際に試験を行うと、勾配上での起動時に台車そのものの重量により、勾配の上側から下側に向かって軸重が移動することが分かった。そこで量産車では逆ハリンクの角度を変えて引張伝達点をレール面から80mm下として、引張力によって逆モーメントを起こして打ち消すように

DT125台車組立（EF63両端・量産車）

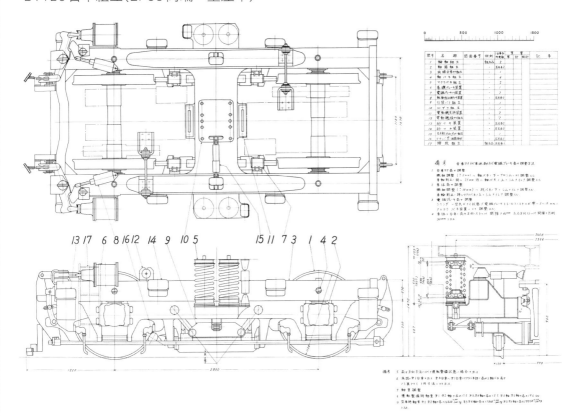

EF63形12号機の1エンド側のDT125台車を、1-3位側の斜め後方から見た様子。車軸発電機のやや右上に逆ハリンク潤滑用のオートグリスタがあり、細い配管は逆ハリンクへ伸びている。

引張バリ装置組立(1号機)

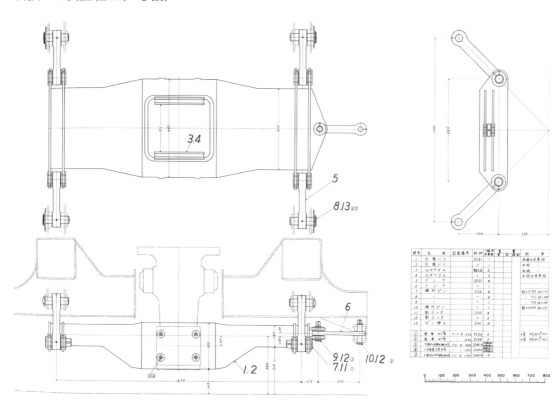

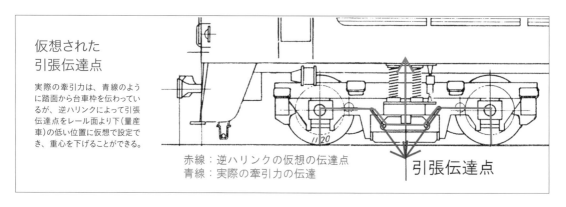

仮想された引張伝達点

実際の牽引力は、青線のように踏面から台車枠を伝わっているが、逆ハリンクによって引張伝達点をレール面より下(量産車)の低い位置に仮想で設定でき、重心を下げることができる。

赤線：逆ハリンクの仮想の伝達点
青線：実際の牽引力の伝達

引張伝達点

DT126の逆ハリンクを下から見た様子。

変更された。

　逆ハリンクによる機械的軸重補償装置は、一見すると勾配を登るための装備と見られがちだが、最も重要な勾配を下る際の発電ブレーキとしても、軸重移動による滑走を防ぐ意味において重要な装備である。

　なお、台車からの牽引力は、台車枠→逆ハリンク→引張梁(下心皿)→中心ピン(上心皿)と伝達されている。

国鉄 EF63形 電気機関車

EF63形12号機のDT126台車を2-4位側から見た様子。枕バネと車体側受けの間にコロが挿入されているのが分かる。

EF63形12号機のDT126台車を、1-3位側の斜め後方から見た様子。枕バネはDT125より若干短く、前後にカバーが付く。車体との間には横動を許容するためのコロが入っている。

中間台車に設けた遊輪で
速度を正確に検出

　中間台車には正確な速度を検出するため、標準速度検出用として発電機直結の遊輪が設けられた。動軸とは無関係の遊輪とすることで空転や滑走にかかわらず正確な速度検出を可能としている。これにより下り勾配上で設定された警戒速度に達すると、過速度検出装置によって運転台に警報ブザと表示灯で警告を発し、制限速度に達すると非常ブレーキが作用するようになっている。Over Speed Relayの頭文字を取って「OSR」と呼ばれる。

重量の軽い旅客列車では警戒速度は37km/h、制限速度は40km/h。重量の重い貨物列車ではそれぞれ22km/h、25km/hとされ、運転台で「高」「低」の切換スイッチがある。

しかし1975（昭和50）年のEF63形×2＋EF62形×2の四重連回送機関車の脱線事故を契機に、旅客

列車の警戒速度は35km/h、制限速度は38km/hに変更された。これにより運転時間が17分から18分に1分延びた。貨物列車の変更はない。

試作車では中間のDT126台車の第4動軸外側に直径300mmの輪軸を設けた。車輪に対する負荷は、バネによって一定の負荷が加わるようになって

DT126台車組立（EF63中間・1号機）

標準速度検出用の遊輪は1軸2輪式だ。この側面図には電磁吸着ブレーキのエアシリンダとリンクも描かれている。

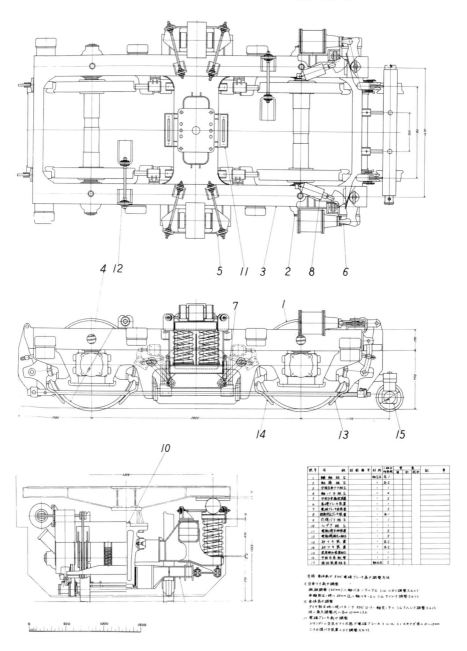

国鉄 EF63形 電気機関車

いる。輪軸は台車枠から2本のリンクで取り付けられており、取付部分は球面軸受と防振ゴムを介しているため、車輪踏面の勾配により自己操舵性を有して、常に曲線側に正対する設計とされていた。

しかし、実際の試験の結果、小径であるが故に分岐器の組立クロッシングにおいて異線進入が発生したため、量産車では幅115mmのフランジレス車輪として、取付位置を3-1側の第4動軸内側に変更。これによりDT126の電磁吸着ブレーキ（後述）は3-1側には装備されないこととなった。

また、中間台車は曲線において横動するため、前後台車のように、台車の回転を枕バネがよじれて吸

DT126台車組立（EF63中間・量産車）
試作車とは逆ハリンクの角度、および標準速度検出用遊輪の位置が異なっている。

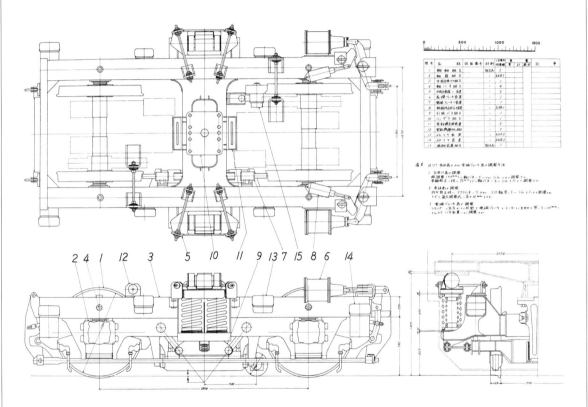

中間台車が曲線で横動できるように、枕バネと車体側受の間にコロ（左側）が入っている。中間台車揺れ装置を支えるリンク（部品番号5）は、直角ではなく角度が付けられている。

下から見上げた中間台車揺れ装置。車体側にあるツメはコロのストッパ。試作車ではコロが剥き出しだったが、量産車では塵埃侵入防止のためカバー付きとなった。

収することができない。よって、横動が可能なように、枕バネと車体側受けの間にコロが挿入されていて、これが転がることで台車の横動を許容しつつ車体荷重を台車に伝える構造となっている。このコロがあるため、DT126の枕バネの取付位置が若干異

中間台車に設けられた標準速度検出用の遊輪。

なる。

基礎ブレーキ装置と転動防止ブレーキ装置

空気ブレーキは、勾配抑速用に主に発電ブレーキを使用することから片押しブレーキとなっているが、EF62形とは異なり、台車の外側にブレーキシュウを配置する形状となった。ブレーキシリンダは片側のみで、DT125は車端部側に、DT126は2エンド寄りに設置されている。

手ブレーキは片側の運転台から前後のDT125全軸に作用する。これは試作車でも量産車でも同じだ。台車自体は9mm厚の鋼板をプレス加工と溶接で組み立てる一般的な構造だが、ブレーキシリンダが一方のみにあるため、軸重のバランスを

速度検出用遊輪装置（量産車新製時）

部品番号25が交流発電機取付。遊輪と発電機が直結している。

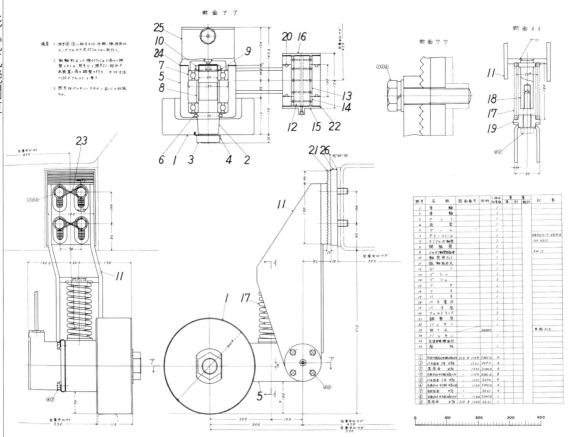

取るためにブレーキシリンダ反対側の端梁は厚さ100mmの鋼板を使用している。

　勾配途中で長時間停留することがあった時、ブレーキの空気源が減少してブレーキが緩むことを防ぐための、転動防止ブレーキ装置が取り付けられている。これはブレーキシリンダに連結されている水平ブレーキテコをカムでロックする機構だ。

万が一を支える特殊装備
電磁吸着ブレーキ

　電磁吸着ブレーキもEF63形ならではの装備で、最も特徴的なものだろう。これは非常時に電磁石の力によって制動靴をレールに吸着させブレーキ力を得るものだ。

　制動靴は各台車の中央部分に設置され、通常時は吊上シリンダにエアが入っていることで、制動靴はレール面から70mmの高さに持ち上げられた状態となっている。非常時には運転台からの操作によって制動靴内の電磁コイルが励磁され、同時に吊

DT125のブレーキシリンダ。

転動防止ブレーキ装置（量産車）

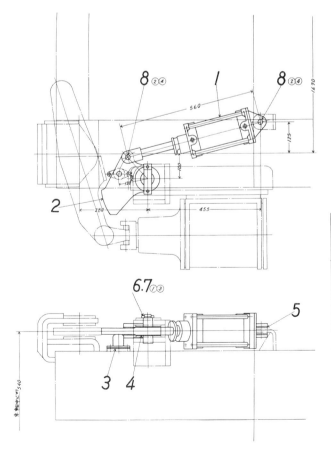

空気ブレーキ動作中はブレーキシリンダと結合している水平テコが時計回転している。この時に運転台の転動防止コックを「錠」位置に置くと部品番号1の空気シリンダのピストンが縮み、2のカムを時計回転させ水平テコをロックする。ブレーキシュウの摩耗具合で水平テコの位置が変わってもカムが偏心しているためロックは可能となる。転動防止コックを「解」位置に置くとピストンが伸び、カムを反時計回転させて水平テコを解放する。

照号	名　称	図面番号	材料	1両分 所要数	重　　量			記　事
					単	計	輛計	
1	空気シリンダ			2				
2	カ　ム			2				
3	止　金　頭立			2				
4	シ　ム			4				
5	シ　ム			4				
6	ピン押工			2				
7	頭付ピン20φ×70			2				5φ割ピン欠付
8	頭付ピン40φ×100			4				
①	六角ボルト中3級W³⁄₈×40	JIS B 1154	S20C-D	4				
②	黒座金 W³⁄₈	″ 1256	S20C-D	4				
③	バネ座金2半W³⁄₈	JIS B 1251	SUP3	4				
④	割ピン 5×35		SWR3	4				

備考　主ブレーキシリンダノストロークヲ
　　　80～140㎜ニ第ニ調整スルコト

0　100　200　300　400　500　600　700　800

上シリンダが排気されることで、制動靴は吊上バネが作用するレール面上10mmまで落下、その後は電磁石の磁力によってレールに吸着する仕組みとなっている。

レール面まで10mmの余裕があるのは、何らかの理由によって吊上シリンダのエアが抜けた際に、制動靴がレールに接触することがないように設計されているためだ。

急勾配を下る上で切り札的存在のような電磁吸着ブレーキだが、実際に使用するとレール踏面が荒れてしまうため、使用停止にはならなかったが、内規で使用しないこととされていたようだ。

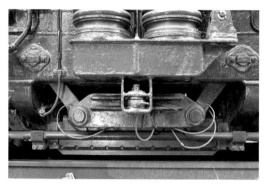

EF63形ならではの装備といえる電磁吸着ブレーキ。非常時はレール面上10mmまで落下し、電磁石の磁力で吸着させる。

空転と滑走を効率よく 吹付式増粘着装置

建設されたばかりの新線での試作車による試運転では、道床がまだ不安定であったのか空転が多く発生した。特に降雨状態を再現するためレール面上に散水した場合は、全6軸が空転し力行不能になることもあった。撒砂によって空転は抑えられるが、レール面上が乾燥していれば空転の発生と撒砂量が抑えられることから、レール面上を乾燥させて空転と滑走を抑制する「吹付式増粘着装置」が考案され、EF62形量産車と共に新たに装備が検討された。同時に熱風を吹き付けることも可能なように、加熱用のヒータも設置された。

操作は運転台速度計下に「レール乾燥」と表示のあるNFBがあり、これを操作することでエアの吹付が行われるものだった。しかし、本格採用に至るまでの試験結果が得られず、将来の輸送力増強で列車重量の増大に備えて設置を検討するものとなり、いつでも装備可能なように配線とNFBを準備工事として、第1・2次量産車に設置した。しかし、実際に装備されることはなく、準備工事で設置されたNFBなども後に撤去された。

電磁吸着ブレーキ装置組立(1号機)

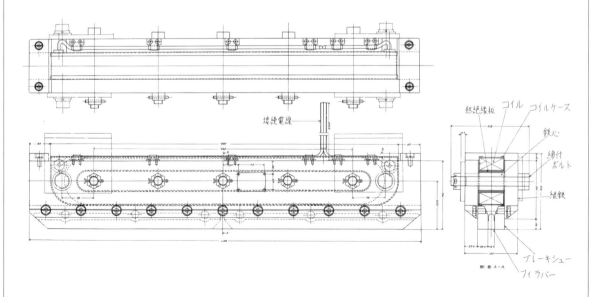

死重を搭載して
軸重を片勾配に最適化

　運転整備重量は108tで、軸重は18tとなるが、一方勾配を走行する補助機関車であることから、前後のスカート内側に調整死重（調整荷重）を搭載している。

　碓氷線での運用時では、1エンド側の調整死重を1.7t分2エンド側に移して、軸重を勾配の下側になる第1台車は約17t、中間の第2台車を約18t、2エンド側の第3台車を約19tとして運用する。

　また、工場入出場の際などにほかの線区を走行する際は、調整死重を取り外した状態で運転する。

DT126の吹付式増粘着装置。車輪の踏面を向いて装着されている。

吹付式増粘着装置（量産車）

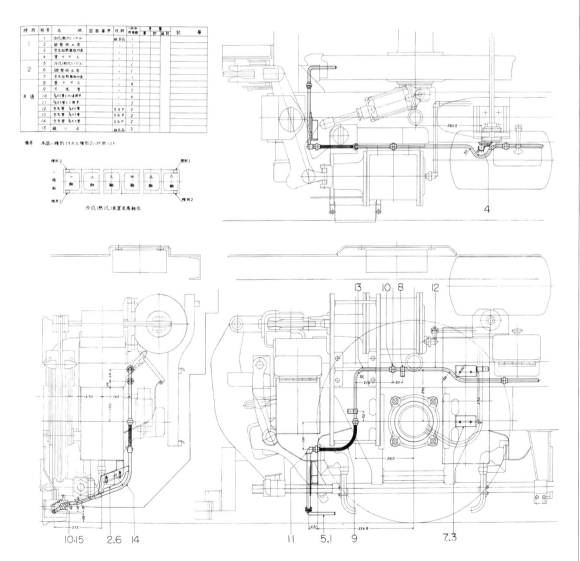

EF63形の連結器

EF63形の外観で目立つのが2エンド側の連結器である。1エンド側は至って一般的な連結器周りだが、補機を務める列車と連結する2エンド側は、自動連結器と密着連結器に切り換えられる両用連結器を装備し、さらにさまざまな車種に対応したジャンパ連結器も装備する。

連結器が違う電車と機関車が併結する光景が日常的に見られた碓氷峠。両用連結器と複数のジャンパ連結器に対応できたからこそ実現できた。
横川　1988年11月　写真／長谷川智紀

国鉄 EF63形 電気機関車

電車・気動車に対応した
初期のジャンパ連結器

　連結器は、1号機では前後とも並型自動連結器だったが、量産車では電車との連結も考慮して2エンド側を両用連結器に変更した。これにより全長が17,800mmから18,050mmとなった。

　同時に4位スカートには各車両を連結するためのジャンパ連結器栓受けが設けられた。試作車ではEF62・63形との重連総括制御用にKE63が2個設けられていたが、これに加えて連結相手となる各形式で呼出用ブザ回路と電圧、連絡用電話回路に加えてジャンパ連結器の形式が異なることから、モ

ハ80系、キハ57系、キハ82系、165系用のジャンパ連結器栓受けを増設した。

　モハ80系用にはKE53を1個設置。キハ57系用も同じKE53が2個だが、電車と気動車では制御回路の電圧が前者は直流100V、後者は直流24Vと異なるため別々に設置されている。また、キハ57系気動車の放送（連絡電話）用としてKE66が設けられた。

　キハ82系特急形気動車は、キハ57系とは制御電圧、放送回路、ブザ回路が異なるため、KE62を2個設けた。165系電車用としては、重連総括制御用のKE63の一方を利用してブザと連絡回路を構成

EF63形1号機の1エンド側。連結器は機関車では
一般的な並型自動連結器を装備する。

EF63形12号機の2エンド側。写真の両用連結器は
自動連結器の状態。この姿こそEF63形らしい。

している。165系側はKE64となっているため、ジャンパ連結器は一方がKE63、もう一方がKE64の特殊ジャンパ連結器の通称「おばけジャンパ」を使用している。これにより2エンド側の表情は物々しいものとなり、柔らかい印象をもつEF62形とは好対照で、「峠のシェルパ」らしい力強い外観となった。

電車の協調運転に対応し
ジャンパ連結器を変更

169系との協調運転用にはKE70が増設された。電車の制御も行うために多芯であり、ひときわ大型で、ジャンパ連結器も常にEF63形に装備されているため、栓納めも新たに設けられた。この後、モ

ハ80系が115系に置き換えられた際には、モハ80系用のKE53の代わりにKE76が取り付けられたほか、キハ57系用のKE53が1個減っている。

さらに第7次量産車の22号機からは重連総括制御用がKE63と互換性のある改良型のKE77に変更。165系（181系兼用）用としてKE77が独立して設けられ、気動車の碓氷線通過がなくなったことから、キハ82系用とキハ57系用のKE62とKE53は最初から取り付けられず、2エンド側がすっきりとした印象になった。

なお、169・489・189系との協調運転では、引き通し回路を構成するためEF63形の重連間であってもKE70を連結して運転する。

ジャンパ連結器

車両間で電気信号を伝達するジャンパ連結器。EF63形には協調運転をする電車・機関車用はもとより、協調運転を行わないが通過可能な電車、かつて通過していた気動車のものなど、多様なジャンパ連結器が装備されている。これらの栓受けは車種ごとに色分けされている。

鉄道展示館内で保存されている10号機の2エンド側の連結器まわり。両用連結器と無数のジャンパ連結器は EF63形の象徴のひとつ。

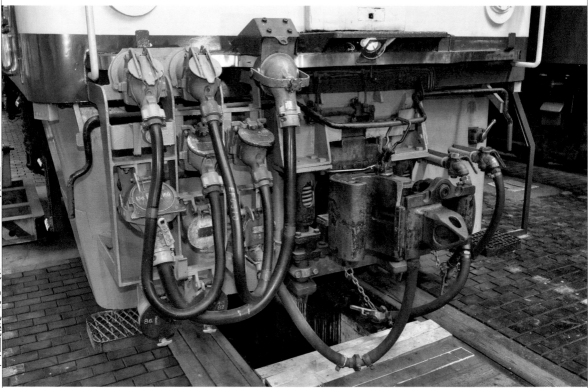

連絡用連結装置組立（第2端）

図は落成時のもので、当時は協調運転をする電車がないため、電車は80系と165系、気動車はキハ82形とキハ57形に対応している。169系登場後に協調運転用のジャンパ連結器が追加改造され、さらに115系運用開始に伴って追加されたため、取材時のものとは配置や形状が異なる。

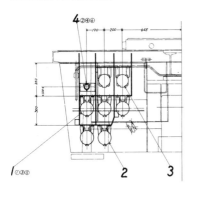

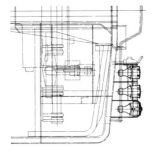

車種別標示

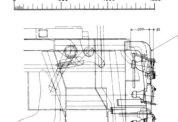

照号	名　称	図面番号	材料	組合／個数	個数			記　事
1	KE53形ジャンパ連結器受金	E 50193	組立品	3				
2	KE8形	91695		2				
3	KE53形			2				
4	KE53形	E 52496		1				
5	連結用補助器取付金具	EC 132770		1				
①	六角穴付皿頭小ねじ M6×40	JISB 1180	SS41	14				
②	サラバネ S×25	1101	SWRH3	3				
③	六角ナット（溝付2種）M6	1181	SS41	14				
④		M5		3				
⑤	バネ座金 2号 ½	1251	SWRH46	14				

備考　車種別・塗色 ハ EO 9645 ニヨルコト

EF63形11号機のジャンパ栓受け群。ジャンパ連結器は外されている。各ジャンパ栓受けは車両ごとに用途が異なり、使用する形式ごとに色分けされ、形式名が記されている。碓氷峠鉄道文化むらの保存車は数度の塗り替えをされているが、現役時代の塗り分け、記述が維持されている。

KE63栓納め
EF62・63形と連結するジャンパ連結器（ケーブル）先端を収納する栓納め

KE66栓受け
キハ57形連結用。連結器は相手方のものを使用する

KE70栓受け
EF63形、169系、189系、489系協調運転用と185系連結用

KE63栓受け
EF62形、EF63形等の連結用

KE53栓受け
キハ57形連結用

KE63栓受け
EF62形、EF63形、157系、165系、181系、183系等の連結用

KE76栓受け
115系連結用

KE62栓受け
キハ82形連結用

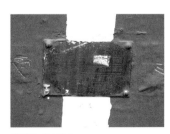

KE62栓受け
キハ82形連結用

10号機のジャンパ栓受けは、補機として連結される直前さながらに、ジャンパ連結器がつながれた状態になっている。KE70と2本のKE63がセッティングされた状態が通常装備。

最終製造車である25号機のジャンパ連結器。22〜25号機は気動車列車が全廃された後に製造されたため、気動車連結用のKE53、KE76、KE62は当初から装備しない。1〜21号機とは配置が異なり、むしろ新製時の図面の並びに近い。

KE63形ジャンパ連結器

EF62形、EF63形のほか、協調運転を行わない157系、165系、181系、183系等の連結に使用する。ジャンパ連結器といえばユタカ製作所を連想するが、KE63はEF63形の製造メーカーと同じ東芝製だ。蓋に注意書きがあるのも珍しい。

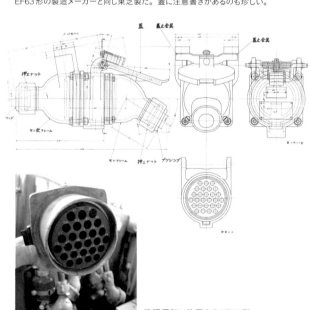

協調運転に使用するKE70形ジャンパ連結器。機関車・電車双方の栓受けにつないで、電気信号の送受信を行う。

試作的意味合いの強い1号機のジャンパ栓受け。運用の中で改造されているので、10号機や11号機のものと同じになっている。

2位(運転席側)にあるジャンパ連結器。左から
KE77、KE77、KE70。KE77は、KE63の製造終
了後に使用されていた。KE70は協調運転用。補機
として重連を組んだEF63形は、3本とも連結する。

25号機の1エンド側連結器。連結器も密着自動連結器で、
通常の電気機関車とほぼ同じ、至ってシンプルな形状。連結
器右側のホース連結器はブレーキ管。

1エンドのスカートまわりを助士席側から見た様子。
連結器左側のホース連結器は、左が元空気ダメ引
通管、右が釣合引通管。ステップ上面は、よく使
う運転席側は滑り止め用にエキスパンションメタル
を追加してあり、助士席側は新製時以来のスノコ
状のものと異なる。

EF63形同士の連結面。重連総括制御用の2本と、協調運転用の3本とも
連結されているのが分かる。横川　1988年9月4日　写真/髙橋政士

国鉄 EF63形 電気機関車

両用連結器

EF63形の2エンド側連結器は、補機を務める列車と連結するため、客車・機関車・気動車と連結する自動連結器と、電車の密着連結器に切り換えられる両用連結器を装備する。操作は至ってシンプルだが、夜間の作業もあるため連結器の上には連結器灯が設けられている。

国鉄 EF63形 電気機関車

EF63形の2エンドのもう一つの特徴が両用連結器だ。最近は電車の配給用に両用連結器を備えたEF81形やEF64形もあるが、当時は本形式のみだった。自動連結器の解放テコのように見えるが、EF63形の2エンド側ではこれを操作することで、自動連結器と密着連結器の転換ができる。自動連結器のみだった1号機の解放テコの構造を流用しているため、名称は解放テコになっている。

両用連結器の自連側はナックルが固定のため、連結相手のナックルを開いて連結する。また、密着連結器も解放ハンドルがないため、相手方の解放ハンドルを使用して解放する。このためEF63形同士の連結の際は自動連結器を使用する。

車端連結装置組立（第2端）

両用連結器の組立図。文字通り、機関車・気動車用の自動連結器と、電車用の密着連結器が一体になって、横方向に76度回転させることで切り換えられる。

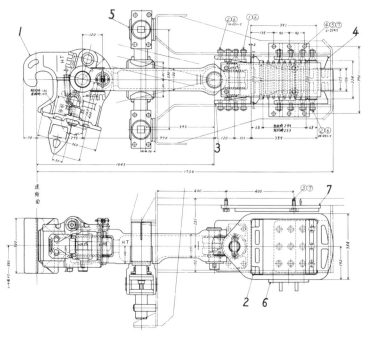

連結器まわりのディテール

貫通扉のステップの下には、夜間作業用に連結器灯が付く。上段のステップは後年に増設改造されたもの。

連結器の解放テコとつながった錠揚げ。錠揚げを上げると双頭連結器を回転できる。

3位（運転席側）の車体裾にある連結器灯のスイッチ。

スカートに付く並連（自動連結器）と密連の切換レバー。使用する連結器の側にを切り換えてから、解放テコを操作して連結器を切り換える。密着連結器では連結器を上下に振る必要があるが、自動連結器では上下方向に回転しては具合が悪いので、上下動を抑制するエアシリンダがあり、密連時はエアが抜けて上下に振れるようになる。

両用連結器の切り換え

機関車や客車と連結する自動連結器から、電車と連結する密着連結器へと切り換える手順を紹介しよう。なお、自動連結器から密着連結器への切り換えも作業手順は同様である。

① スカートの切換レバーを「密連」側に切り換える

② 解放テコを上げ、錠揚げを解放する

③ 錠揚げを上げた状態で連結器を回転する

④ 回転が始まれば解放テコは持ち上げていなくても大丈夫になる

⑤ 76度回転させて密着連結器にする

⑥ 解放テコを下げて錠揚げを落とし込み、作業終了

53

EF63形の内部

運転室
1エンド

碓氷峠を走るときは、峠を登るときも下りるときも横川側から運転をするのがアプト時代からの伝統である。そのため、EF63形も碓氷峠を走行するときは、つねに横川側で運転を行っていた。1エンドは横川側にあり、碓氷線を運転するための主要機器が搭載されている。

EF63形12号機の運転台全景。2エンド側と比較すると、こちらが峠越えの本務機であることがよく分かる。

運転席を横から見た様子。さまざまな計器類やスイッチが所狭しと並ぶ姿は、現役時代から変わらない。

運転席の左壁面。左は無線装置操作箱。右のコックは笛弁の締切コック、丸いノブ状のバルブはワイパ用のバルブ。

EF63形の運転室機器配置図

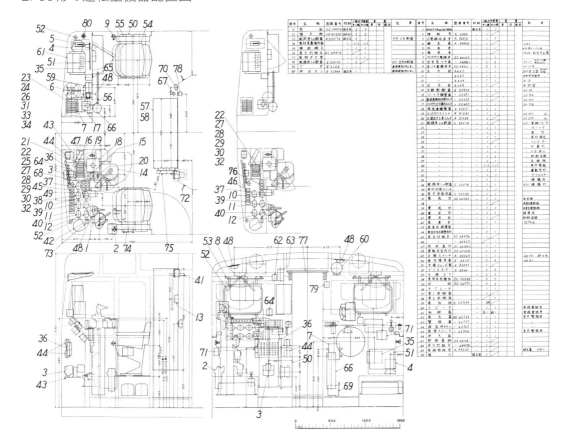

機関助士側から見た運転室。運転室そのものは電気機関車では一般的な広さ。床は滑り止めも兼ねて木板が張られている。

左側上部に独立して速度計があり、正面には7つのメーターが並ぶ1エンド側の運転台。
左上は電圧計、その他の上3つは電流計。下3つは圧力計。右の扇状のノッチ板が付いたハンドルはが主幹制御器（マスターコントローラー）。
左のハンドルが2本あるのがブレーキ弁。

EF63形の要ともいうべき
MC35主幹制御器。力行
ブレーキは1～6、S、SP、
P、発電ブレーキはB1～
B9まで刻まれる。

KE14A ブレーキ弁および KB7脚台。その上の計器が速度計。
運転時は電流を注視し、あまり見なかったという。

ブレーキハンドルの下にある
前進・後進の切替レバー。
それぞれに力行と発電ブレー
キも選択できる。

1エンドは表示灯も多い。左から空ノッチ、ノッチ、発電ブレーキ、警戒速度、非常ブレーキ、送風機MM、送風機MR、HB遮断、加速度・高、加速度・低。

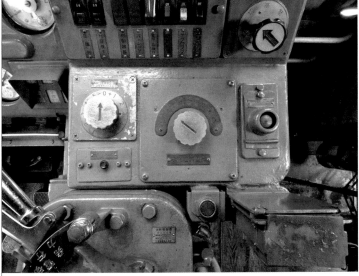

主幹制御器の奥にあるスイッチ類。左上はバーニア調整器で、任意の1～5段の段数に切り換えが可能。左下は元ダメ圧力上昇（早込押ボタン）、中央は限流値調整器、右はパンタ下ゲ。右上の黄色いダイヤルはEF63形ならではといえる過速度検知切換スイッチ。

勾配を下る際に欠かせない過速度検知装置の切り換えスイッチ。「切・高・低」があり、旅客列車は「高」、貨物列車は「低」の位置に置いて運転する。碓氷線以外で運転する場合には「切」に置く。

減流機調整器のダイヤル。大きな牽引力が必要な時は数値を大きな方へ回す。バーニア制御を行う場合にはより大きな電流値で運転できる。赤字で書かれた750Aの位置に置くと非バーニア制御となる。

運転室左上部。左から1SR未投入防止ブザー、OSR復帰ボタン、横軽協調専用と書かれた制御器、前灯、計器灯、運転室灯のスイッチ。奥は警報持続のランプ。

運転室前面右上部。左からS形（ATS-S）車内警報表示器、S形車内警報器。

前面には運転士用の扇風機、貫通扉の上には荷物棚がある。手前の天井には通風器の吹出口が開いている。

表示灯の上に並ぶ緊急停止スイッチ、その真下には過速度切換スイッチの位置を示す表示灯がある。右の協調運転表示灯のさらに右にはATS確認押ボタンがある。12号機製造当時は車内警報装置と呼ばれていた。

ブレーキ弁の上にある速度計。

57

助士席

国鉄 EF63形 電気機関車

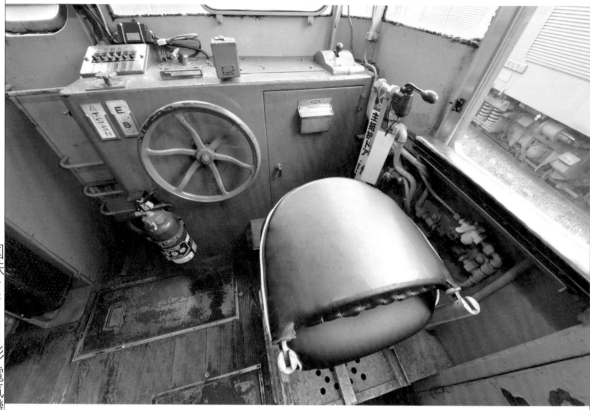

電気機関車の場合、通常手ブレーキは2エンドのみにあるが、急勾配用のEF63形では1エンド側にも設置されている。

手前はパンタグラフ上下操作スイッチ。左奥は配線用遮断器。左から緊急防護、前灯減光、標識灯2、標識灯1、交互点滅、乗務員無線。右上は勾配途中での長時間停留の際に使用する転動防止ブレーキ装置の操作弁。

転動防止ブレーキ装置操作弁。「鍵」「平常」「解」の選択を行う。

運転台の右端にあるB3A吐出弁。これを操作することでブレーキ管が急減圧し、非常ブレーキが作用する。

赤色の笛弁、丸いノブの窓拭き器操作弁など。

助士側の天井にあるスピーカ。

貫通扉の上にあるルーバーは通風器で、運転室に天井から風を送る。写真は助士側。

EF63形は重連が前提なので、前面に貫通扉が付く。貫通扉があると、写真のように機関車から降りずに重連相手の機関車に乗り移ることができる。

貫通扉の裏側には前照灯のレンズを清掃する際などに使用する足掛けが付く。外側から覆い被さるような形状の貫通扉は風圧による雨水の浸入防止に効果があり、ED60形開発時に東芝の提案により採用された。

背面の上側にある表示灯。

1エンドの背面。窓から見える部分は圧力計。

背面の中央にあるスイッチ。上段左から機械室灯切換、電動発電機、抵抗制御PM、バーニアPM、転換制御PM、パンタ、砂マキ、自車調圧、圧縮機同期。下段左からMM・MR・BM・PL、高速度シャ断PL、ノッチPL、過電接地PL、発電ブレーキ、MG電源PL、機械室灯、主抵抗器送風機、主電動機送風機、電磁ブレーキ電源、AVR空転検知器。

運転室
2エンド

機関車の運転室は、1エンド側に主要機器のスイッチがあるため、2エンド側は省かれているものも多い。碓氷峠を走るときは常に1エンド側を使用していたので、現役時代は碓氷峠区間以外での回送で使用する程度だった。現在の運転体験の方が当時よりも頻繁に使用されている。

国鉄 EF63形 電気機関車

EF63形12号機の2エンド側運転台全景。計器類やスイッチが少ないのは一目瞭然だ。

主幹制御器やブレーキ弁など、主要機器の配置は、1エンド側と変わりない。

主幹制御器の奥にあるスイッチ類は、バーニア調整器と元ダメ圧力上昇。碓氷線では2エンドで運転することは基本的にないので、過速度切換スイッチが省かれている。

1エンド側と比べ重連相手の「他車主電動機」電流計が1つ少なく、
表示灯の数も少ない。

2エンド側の運転席後部にある
記録式速度計。

助士側から見た2エンド側の運転室。
手ブレーキハンドルにジャンパ連結
器が掛けられているが、現役時代
は常に前面に装着されていた。

2エンド側は運転室背面のスイッチも
少ない。上は機械室灯切換。下は主
抵抗器送風機、主電動機送風機。

機器室

走行用機器は一般的なものを使用するため、機器室はEF63形ならではという特別な印象は薄い。まずは62-63ページで機器室を4方向と中央部から俯瞰し、64-65ページで個別の機器を見ていこう。

1エンド

高圧機器の上にある電機子分路抵抗器。この部分がモニター屋根になる。

1エンドの助士席後方から見た機器室。正面は電動空気圧縮機の冷却管。

右側
- - - - - - - - - - - -
左側

車内中央の高圧機器の間から1エンド側を見た様子。

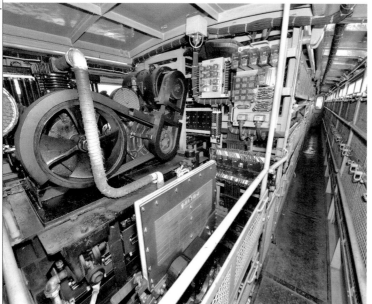

1エンドの運転席後方から見た機器室。電動空気圧縮機のベルト側が見える。

1エンドの運転室後方には電動送風機、電動発電機、電動空気圧縮機。その下段に蓄電池箱を設置。

EF63形の独特な装備である蓄電池箱（左）と車体の蓋（右）。

ルーバーの内側はフィルターになっている。上の固定ハンドルを回すと交換可能。

２エンド

２エンドの運転席後方から見た機器室。

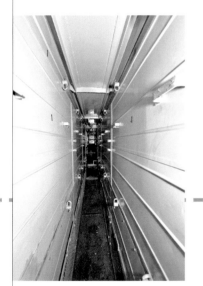

車内中央の主抵抗器の間から２エンド側を見た様子。こちらの機器類は内側も枠に収まっている。

２エンド側の運転室の背後には補助抵抗器を設置。中央の主抵抗器越しに撮影。

長期留置の際に、冷却風排気口から雨や雪が浸入するのを防ぐため、主抵抗器枠の側面にあるハンドルを操作すると、排気口を開閉できる。ハンドルにはマイクロスイッチがあり、排気口を閉じている時は主抵抗器冷却送風機は起動できない。

２エンドの助士席後方から見た機器室。

右側

左側

国鉄 EF63形 電気機関車

8　電動空気圧縮機

10　高圧機器

11　高圧機器

5　上／電動発電機
28　下／電動送風機

29　蓄電池箱

右側

左側

国鉄 EF63形 電気機関車

69　高圧ヒューズ箱

8　上／電動空気圧縮機
29　下／蓄電池箱

12　高圧機器

7　上左／非直線性抵抗器
6　上中／界磁抵抗器
5　上右／電動発電機
28　下／電動送風機

9　高速度遮断器

32　倍率器
31　直流精算電力計
33　低圧接地スイッチ

71　D電磁吐出シ弁

16 固定機器

17 主抵抗器枠

14 上／高圧機器枠
20 下／抵抗制御器

20 抵抗制御器

28 電動送風機

右側
左側

13 上／高圧機器枠
19 下／転換制御器

18 主抵抗器

15 上／高圧機器枠
21 下／バーニア制御器

15 高圧機器枠
（車軸発電機出力計）

EF63形機器配置図

※各写真の番号は、EF63形機器配置図の引出線番号を示す。
写真の配置は実際の並びを配慮した。

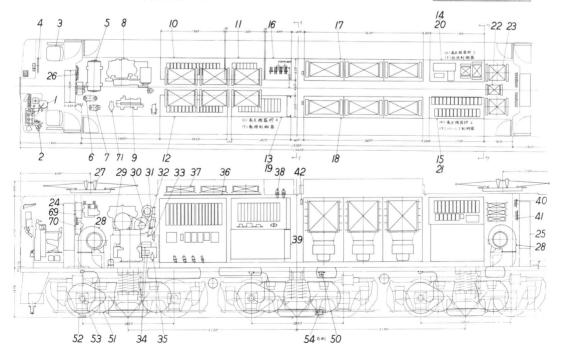

国鉄 EF63形 電気機関車

65

EF63形全25両の肖像

EF63形は1962年から1976年の間に全25両が製造された。撮影時期により、さまざまな表情を見せ、多様な列車と組み合わされるロクサンたちの勇姿を掲載しよう。

EF63形の中で最も早い引退は、脱線転覆事故で廃車となった5・9号機で、1975年であった。また、1・14号機は貨物列車の削減により、国鉄分割民営化を前にした1986年に余剰廃車となっている。このうち1号機は高崎運転所で保存され、現在は碓氷峠鉄道文化むらで保存展示されているが、14号機は一時保管されていたが、その後解体された。

そのほかは1997年の碓氷峠廃止まで活躍し、最後の全般検査出場を記念して、18・19・24・25号機の4両はぶどう色2号で出場した。なお、これら4両の新製時は、すでに青15号・クリーム1号で登場している。また、8・9号機が1964年に、11・13号機が1978年にお召列車の牽引を務めたことがある。このうち1964年の運転では8号機に日章旗が掲揚された。

現在、4両が碓氷峠鉄道文化むらの体験運転用として動態保存され、7両が先頭部のみのカットモデルを含め静態保存されている。

EF63形1号機

落成　1962年
製造　東芝
廃車　1984年（余剰廃車）
現状　静態保存
（碓氷峠鉄道文化むら）

横川機関区　1974年5月4日
写真／辻阪昭浩

EF63形2号機

落成　1963年
製造　東芝
廃車　1997年
現状　静態保存
（しなの鉄道軽井沢駅）

横川〜軽井沢間　1986年4月27日
写真／新井 泰

㊤ EF63形3号機

落成　1963年
製造　東芝
廃車　1997年
現状　解体

横川〜軽井沢間　1989年9月24日
写真／長谷川智紀

㊥ EF63形4号機

落成　1963年
製造　東芝
廃車　1997年
現状　解体

横川〜軽井沢間　1991年7月
写真／中村 忠

㊦ EF63形5号機

落成　1963年
製造　東芝
廃車　1975年（事故廃車）
現状　解体

横川　1972年4月
写真／辻阪昭浩

Ⓤ EF63形6号機

落成　1963年
製造　東芝
廃車　1997年
現状　解体

横川〜軽井沢間　1991年7月
写真／中村 忠

Ⓜ EF63形7号機

落成　1963年
製造　三菱電機・新三菱重工
廃車　1997年
現状　解体

軽井沢　1997年5月
写真／中村 忠

Ⓓ EF63形8号機

落成　1963年
製造　三菱電機・新三菱重工
廃車　1997年
現状　解体

横川〜軽井沢間
写真／PIXTA

⊕ EF63形9号機

落成　1963年
製造　三菱電機・新三菱重工
廃車　1975年（事故廃車）
現状　解体

横川機関区　1974年5月4日
写真／辻阪昭浩

⊤ EF63形10号機

落成　1963年
製造　三菱電機・新三菱重工
廃車　1997年
現状　静態保存
（碓氷峠鉄道文化むら）

横川〜軽井沢間　1991年7月
写真／中村 忠

国鉄 EF63形 電気機関車

EF63形11号機

落成　1963年
製造　三菱電機・新三菱重工
廃車　1997年
現状　動態保存
（碓氷峠鉄道文化むら運転体験）

横川機関区（お召装備）
1978年10月14日
写真／辻阪昭浩

EF63形12号機

落成　1963年
製造　三菱電機・新三菱重工
廃車　1997年
現状　動態保存
（碓氷峠鉄道文化むら運転体験）

横川～軽井沢間　1991年
写真／長谷川智紀

EF63形13号機

落成　1963年
製造　三菱電機・新三菱重工
廃車　1997年
現状　2エンド側前頭部保存
（大宮総合車両センター）

軽井沢　1997年5月
写真／中村 忠

国鉄 EF63形 電気機関車

㊤ EF63形14号機

落成　1966年
製造　東芝
廃車　1984年（余剰廃車）
現状　解体

軽井沢　1984年3月26日
写真／高橋政士

㊦ EF63形15号機
落成　1966年
製造　東芝
廃車　1997年
現状　解体

横川〜軽井沢間　1986年4月27日
写真／新井 泰

国鉄 EF63形 電気機関車

71

㊤ EF63形16号機

落成　1966年
製造　東芝
廃車　1997年
現状　解体

横川〜軽井沢間　1989年9月24日
写真／長谷川智紀

㊥ EF63形17号機

落成　1966年
製造　東芝
廃車　1997年
現状　解体

横川〜軽井沢間　1991年7月
写真／中村 忠

㊦ EF63形19号機

落成　1967年
製造　川崎電機・川崎車輛
廃車　1997年
現状　解体

軽井沢　1997年5月
写真／中村 忠

国鉄 EF63形 電気機関車

EF63形18号機

落成　1967年
製造　川崎電機・川崎車輌
廃車　1997年
現状　静態保存
（碓氷峠鉄道文化むら）

横川～軽井沢間　1991年7月
写真／中村 忠

EF63形20号機

落成　1969年
製造　富士電機・川崎重工
廃車　1997年
現状　解体

横川～軽井沢間　1990年1月
写真／高橋政士

EF63形21号機

落成　1969年
製造　富士電機・川崎重工
廃車　1997年
現状　解体

横川〜軽井沢間　1988年12月
写真／高橋政士

EF63形22号機

落成　1974年
製造　富士電機・川崎重工
廃車　1997年
現状　静態保存
（碓氷峠の森公園交流館 峠の湯）

横川〜軽井沢間　1993年12月
写真／長谷川智紀

EF63形23号機

落成　1974年
製造　富士電機・川崎重工
廃車　1997年
現状　解体

軽井沢　1992年9月
写真／高橋政士

㊤ EF63形24号機

落成　1976年　製造　富士電機・川崎重工
廃車　1997年
現状　動態保存（碓氷峠鉄道文化むら運転体験）

横川～軽井沢間　1997年5月　写真／中村 忠

㊦ EF63形25号機

落成　1976年　製造　富士電機・川崎重工
廃車　1997年
現状　動態保存（碓氷峠鉄道文化むら運転体験）

横川～軽井沢間　1984年10月　写真／中村 忠

生きたロクサンに会える！
碓氷峠鉄道文化むら

本書で取材をしたEF63形12号機は、碓氷峠鉄道文化むらで「EF63運転体験」用として使用されている「生きたロクサン」だ。ここでは運転体験用として全4両、静態保存が3両の計7両のEF63形が保存されている。

施設名	碓氷峠鉄道文化むら
所在地	群馬県安中市松井田町 横川407-16
電話	027-380-4163
営業時間	9:00～17:00(3/1～10/31) 9:00～16:30(11/1～2月末) (入園は閉園の30分前まで)
定休日	毎週火曜日(8月を除く)・ 12/29～1/4 (火曜日が祝日の場合は翌日休園)
入園料	中学生以上　700円 小学生　500円 小学生未満　無料(保護者同伴) ※体験施設利用料金は別途必要 ※2022年10月1日からの料金

碓氷峠鉄道文化むらは、信越本線横川～軽井沢間の廃止に伴い、機関区の役目を終えた横川機関区の施設を継承し、1999(平成11)年4月18日に鉄道公園としてオープンした施設である。ホンモノのEF63形を自分で運転できる「EF63運転体験」は開園時から人気で、機関士OBから講習を受け、段階を踏んでステップアップをしていく。

そのほかにも碓氷峠で活躍したEF63形が3両、アプト式のED42形が1両、EF62形が2両保存されている。また、国鉄末期に高崎運転所(現・ぐんま車両センター)が全国から収集した機関車がここで保存されていて、EF30形、EF70形、EF80形、DD53形などは全国的にも貴重な保存車である。

開園後、れんが造りの旧丸山変電所や碓氷第三橋梁(通称・めがね橋)などの旧線跡も整備され、鉄道遺産を核とした観光振興が行われている。

旧機関庫を使用した鉄道展示館。
その手前で189系が「あさま」のトレインマークを表示している。

運転体験用のEF63形

左からEF63形24号機、ラストナンバー25号機。

左から夏の取材日に貫通扉を開けて運転体験をする11号機、取材をした12号機。

静態保存されたEF63形

登場時のぶどう色2号をまとうトップナンバー、1号機。

鉄道展示館で整備中の様子で展示される10号機。

18号機の1エンド側はシミュレーターになっている。

EF63形の機関士だった佐藤 栄さん、上原 昇さん、武井 俊明さん(上から)。碓氷峠鉄道文化むらには、EF63形の機関士OBが6人、整備士OBが2人在籍し、運転体験の指導や車両整備などに携わる。

ほかにも保存車がたくさん！

碓氷峠鉄道文化むらには全国的に貴重な車両が保存され、中には国鉄新型電気機関車の標準となったMT52主電動機を初めて採用したEF70形も！昭和の鉄道を支えた名車たちも、この施設の魅力に欠かせない。

碓氷峠鉄道文化むらの保存車

保存車両形式・車番	備考
D51形96号機	蒸気機関車
EF15形165号機	直流電気機関車
EF53形2号機	直流電気機関車
EF58形172号機	直流電気機関車
EF59形1号機	直流電気機関車
ED42形1号機	アプト式直流電気機関車
EF60形501号機	直流電気機関車
EF62形1号機	直流電気機関車
EF63形1号機	直流電気機関車
EF63形10号機	直流電気機関車
EF63形18号機	直流電気機関車
EF65形520号機	直流電気機関車
EF70形1001号機	交流電気機関車
EF30形20号機	交直流電気機関車
EF80形63号機	交直流電気機関車
DD51形1号機	液体式ディーゼル機関車
DD53形1号機	液体式ディーゼル機関車（除雪用）
クハ189形506号車	直流特急形電車
キハ20形467号車	一般型気動車
キハ35形901号車	一般型気動車
キニ58形1号車	荷物気動車
マイネ40形11号車	1等寝台車
ナハフ11形1号車	3等客車
オハネ12形29号車	3等寝台車
オシ17形2055号車	食堂車
スロフ12形822号車	お座敷客車「くつろぎ」
オロ12形841号車	お座敷客車「くつろぎ」
オハユニ61形107号車	3等郵便荷物合造客車
スニ30形8号車	荷物車
ソ300形	操重車
GA-100形	新幹線用軌道確認車

EF65形520号機（F型）

EF53形2号機（EF59形から復元）

キハ20形467号車

DD53形1号機（ロータリーヘッド付）

廃線跡探訪もオススメ！

アプト式時代の旧線跡は、熊ノ平信号場あたりまで遊歩道として整備されている。明治時代が感じられるれんが造りのアーチ橋やトンネルを間近に見てみよう。

旧丸山変電所。眼前にまるやま駅があり、トロッコ列車でも訪問可能。

めがね橋こと碓氷峠第三アーチ橋。階段で橋の上へ行ける。

熊ノ平信号場。線路が残されていて、今にもロクサンが現れそう。

旧線のトンネル内。トンネルによってれんがの積み方が異なる。

COLUMN

第 2 章

EF62形の概要

碓氷線の粘着運転化に加え、信越本線軽井沢～長野間が1963(昭和38)年7月15日に電化されることとなった。そこで、高崎から長野まで通しで牽引できる電気機関車として、EF63形と並行して開発されたのがEF62形である。碓氷峠でのEF63形との協調運転と、高崎～長野間の軸重制限に対応するための軽量化を両立した、苦心の作であった。

EF62形の特徴と車体

C＋Cの軸配置に目が行きがちなEF62形だが、前面形状や車体色、主電動機などに、その後の標準仕様を初採用している。EF63形の"脇役"になりがちなEF62形を、改めて探求する。

文●高橋政士　資料協力●岡崎 圭　撮影協力●碓氷峠鉄道文化むら

EF62形46号機が牽引する信越本線の貨物列車。新型電気機関車で唯一のC＋Cの軸配置で、独特なサイドビューを見せる。写真／長谷川智紀

専用構造の車体と台車で
軽量化を徹底

　EF62形は軽量化を図るため車体構造もユニークだ。主台枠をはじめ、車体の構造材にはプレス成形品などを多用し、前後枕梁間の中梁も廃している。さらに量産車では、試作車の試用結果から各部材の厚みを減らしてさらなる軽量化に努めている。

　中梁がないことで機器室の重量を側梁と横梁のみで負担することになるが、側梁の縦方向の寸法を大きくした上に、側梁上にトラス構造を持った補強板を取り付けて強度の確保を図っている。このトラス構造の補強があるため側面の冷却風取入口は高い位置に設置されており、試作車では側面の明かり取り窓を設けず、屋根を採光可能なFRP製として車体側面に明かり取りがない独特の外観となった。

　車体足は側梁に取り付けられているので牽引力も側梁が負担していることとなる。側梁の縦寸法が下方向へ増したことで車体外板の裾部分を100mm延長。機器室部分の側板の縦寸法が大きい特徴的な外観となった。

　これは第2次量産車の25号機から、車体強化のため側梁が延長され、側板下側の延長部分が従来は乗務員室扉間だけだったものが、乗務員室前まで延長され、最上段のステップが側板部分に設けられるなど外観が変化した。

軽量化は屋根をも変える
FRP製モニタ屋根を採用

　屋根は4分割の取り外し式となっているが、軽量化のために前述のように採光に考慮したFRP積層

トップナンバーは屋外展示。登場時と同じぶどう色2号で展示されている。

碓氷峠鉄道文化むらでは2両のEF62形を保存展示。
鉄道展示館の中にある54号機はラストナンバー。

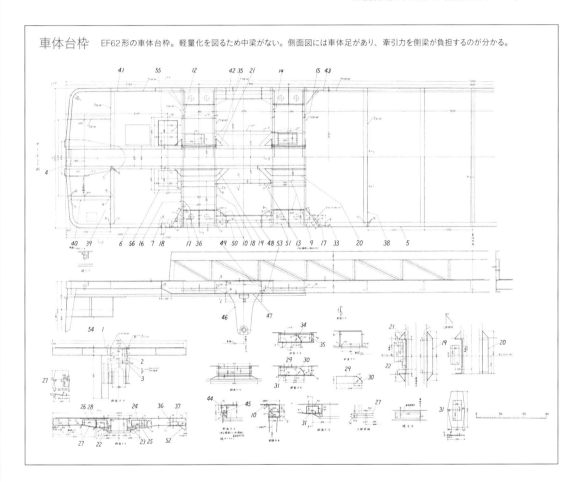

車体台枠　EF62形の車体台枠。軽量化を図るため中梁がない。側面図には車体足があり、牽引力を側梁が負担するのが分かる。

板を採用した。通常パンタグラフは屋根板に取り付けられるが、EF62形ではFRP製で取り付けできないため、車体上部の長手方向の長桁にパイプフレームを取り付けて取付座を設け、そこに載せる形で設置されている。

　1エンド寄りには主制御器などがあり、この部分の屋上カバーも採光性を考慮したFRP製となっている。中央部分には単位スイッチが設置されてお

国鉄 EF63形 電気機関車

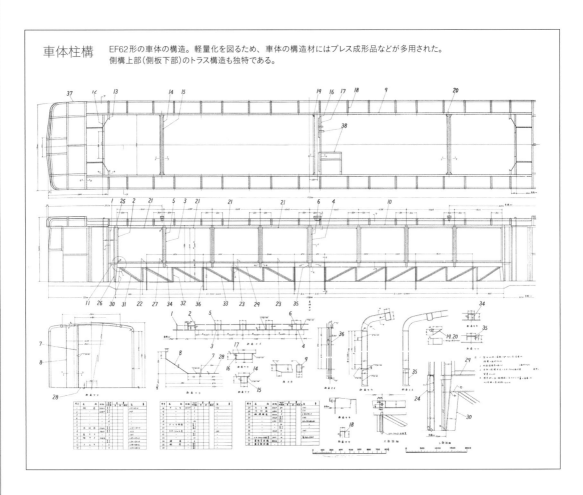

車体柱構　EF62形の車体の構造。軽量化を図るため、車体の構造材にはプレス成形品などが多用された。
側構上部（側板下部）のトラス構造も独特である。

側梁は牽引力を負担するため、機器室部分の縦寸法が下方向へ
100mm 延長されている。写真は1号機。

25号機以降は、車体強化のため側梁が乗務員室前まで延長され、
ステップも側板に取り込まれた。写真は54号機。

り、この部分のモニタ屋根は鋼製で明かり取り窓がある。2エンド寄りは主抵抗器が納められ、この部分のモニタ屋も鋼製で側面には主抵抗器冷却風の排風口がある。この排風口は留置の際に雨水や雪が入り込まないようにシャッターが開閉式となっている。

機器レイアウトを
逆向きに配置した量産車

　量産車では軸重配分の観点から機器室内レイアウトを大幅に変更した。大まかには試作車の主制御器と主抵抗器の前後を入れ替えた形となってい

軽量化が図られた屋根は、EF62形の大きな特徴の一つ。屋根は4分割の取り外し式で、軽量化のため採光を考慮したFRP積層板が使われている。

通常、パンタグラフは屋根板に取り付けられるが、EF62形の屋根はFRP製のため、車体左右にパイプフレームが渡され、そこに搭載される。

長桁に取り付けられたパイプフレームと、搭載されたパンタグラフ取付部。このような搭載方法はEF62形のみだ。

る。このため外観ではモニタ屋根の位置が逆となっており、2エンド寄りに特徴的なFRP製のモニタ屋根があり、パッと見た目では機関車自体が逆向きになっているような印象を受ける（88・89ページ形式図参照）。

側面の冷却風取入口ヨロイ戸も2枚一組のもの

が4組、計8枚だったものを、車体構造の変化もあって単独で8枚に変更。また、汚れなどで屋根からの採光にも難があったのだろう、ヨロイ戸1枚に対して小さな明かり取り窓が屋根R部分に設けられるなど改良された。この明かり取り小窓もEF62形独特の形状だ。

モニター（甲）　1号機の2エンド寄りモニタ屋根。主抵抗器冷却風は熱風となるため鋼製である。

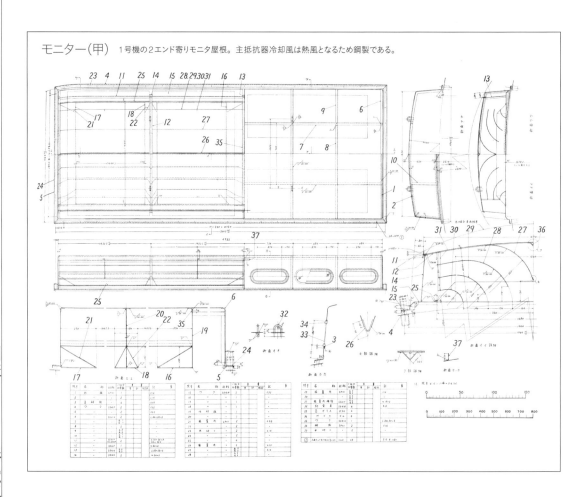

量産車1エンド寄りの主抵抗器室上部のモニタ屋根。排風口は開閉式となり、留置の際に雨水や雪が浸入するのを防ぐ。

国鉄 EF63形 電気機関車

試作車では軸重軽減のため運転整備重量を92t としていたが、信越本線の軸重制限が16tまで緩和 されたことにより、軽量設計としたものの4tの死 重を搭載し、運転整備重量はEF60形と同じ96tと なった。

試作車の1号機はEF63形と同じく1963（昭和 38）年7月に量産化改造が行われ、4tの死重を搭載 して運転整備重量を96tとしたが、機器配置などの 変更はなかった。せっかく試作車で軽量化したもの の台無しである。

増備を重ねる度に 外観に小変更が加わる

EF62形は1964（昭和39）年に第2次量産車とし て25・26号機の2両が製造された。この25号機 からは側面の冷却風取入口がヨロイ戸ではなく、1 枚の鋼板をプレス加工したパンチプレートに変更 となり印象が変わった。第3次は27・28号機が製 造され、この時にEF63形14・15と共に青色15号

に警戒色のクリーム色1号塗色が新製時から採用 された。

第4次の29・30号機は、折畳式後部標識が廃止 されたため、後部標識灯が大型の内填め式に変更。 第5次は信越本線直江津電化用に31〜52号機と22 両が一気に増備された。第6次は52号機のみ、最 終増備となったのは第7次車の53・54号機の2両 となった。このうち54号機はEF62形で最後に活 躍したものとなった。

軽量化のために採用された 電気暖房装置

電気暖房装置（EG）も軽量化のために採用され たものである。蒸気発生装置（SG）では本体のほ か、水と燃料も搭載する必要があるため全体でお よそ10tの重量があるが、EG用の電動発電機（MG） は約5.4tで客車14両に給電可能で、取り扱いもSG に比べ容易となっている。さらにSGでは水と燃料 を消費すると機関車重量が軽くなり、軸重減によっ

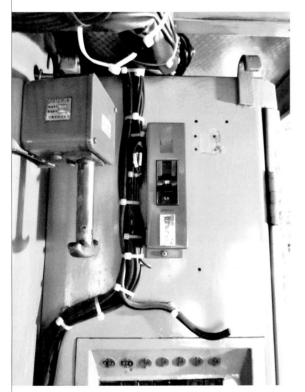

54号機の運転室から機器室側を見た様子。 天井がFRP製なので、屋内でもやや明かりを 通しているのが分かる。

運転席の後方にある電気暖房表示灯。 EGを使用していないときに点灯する。 蓋を開いて電球を交換できる。

モニター（乙） 1号機の1エンド寄りモニタ屋根。FRP製の成形品になる。

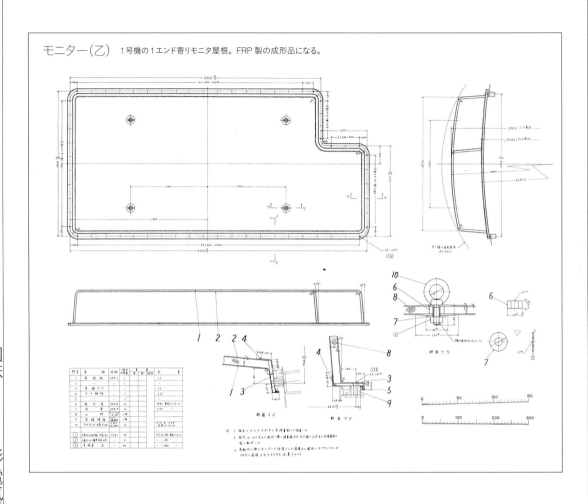

量産車では2エンド寄りの屋上カバーが採光性を考慮したFRP製となる。

EF62形の2号機から量産車として製造された。写真は8号機の初期の姿で、車体はぶどう色2号。尾灯には折畳式後部標識も装着されている。

国鉄 EF63形 電気機関車

1号機は肩部に明かり取り窓がなかった

量産車では肩部に小型の明かり取り窓を装着。他形式にはない独特な形状。

1号機の冷却風取入口ヨロイ戸は、2枚一組のものを4組装着した。明かり取り窓もない。

2号機以降のヨロイ戸は単独で8枚に変更。25号機以降は1枚の鋼板をプレス加工したパンチプレートに変更された。

て牽引力減少にもつながるため、DD51形やED72形のような軸重調整機構を持たないEF62形では採用は難しかったと推測される。

　信越本線の列車は北陸方面へ乗り入れる列車も多く、交流電化の北陸本線では電気暖房を採用し

ていたことから、信越本線用のEF62形でも電気暖房を採用することは問題にならなかったのだろう。ED72形とEF61形以降、SGを搭載して新製された電気機関車はED76形のみとなった。

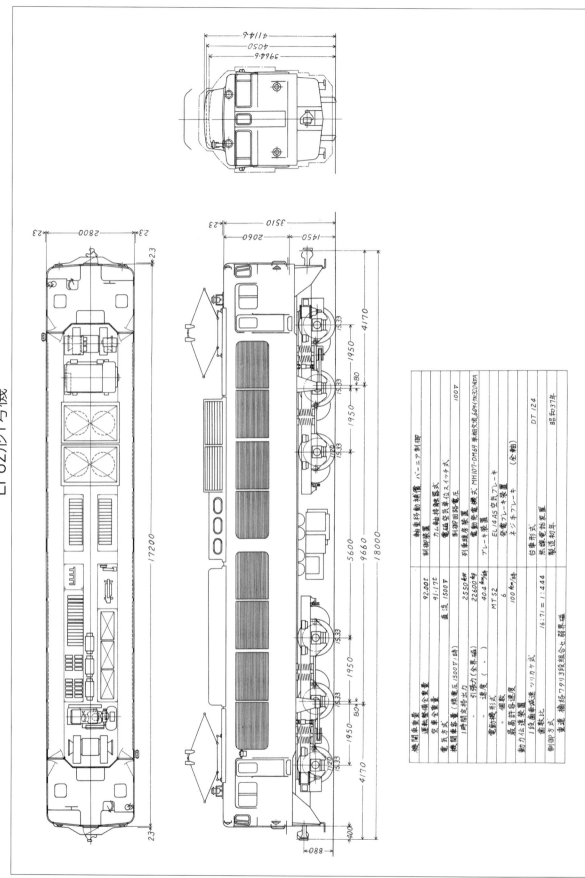

EF62形1号機

機関車重量		
運転整備重量	92.00t	
空車重量	91・17t	
電気方式	直流 1500V	
機関車重量(標電圧1500V時)		
1時間定格出力	2550kW	
引張力(全界磁)	22600kg	
速度(〃)	40.4km/h	
電動機形式	MT52	
個数	6	
最高許容速度	100km/時	
動力伝達装置	ツリカケ式	
1段歯車減速・速度		
歯数比	16:71＝1:4.44	
制御方式		
重連総括3ワ川3段組合せと開界磁		

軸重移動補償	バーニア制御	
制御装置		
電磁空気単位スイッチ式		
制御回路電圧	100V	
列車暖房装置		
電動発電機式 MH107-DM69 単相交流60H/m320kVA		
ブレーキ装置		
EL14AS 空気ブレーキ		
発電ブレーキ装置	(全軸)	
ネジ手ブレーキ		
台車形式	DT124	
基礎電制装置		
製造初年	昭和37年	

EF62形量産車

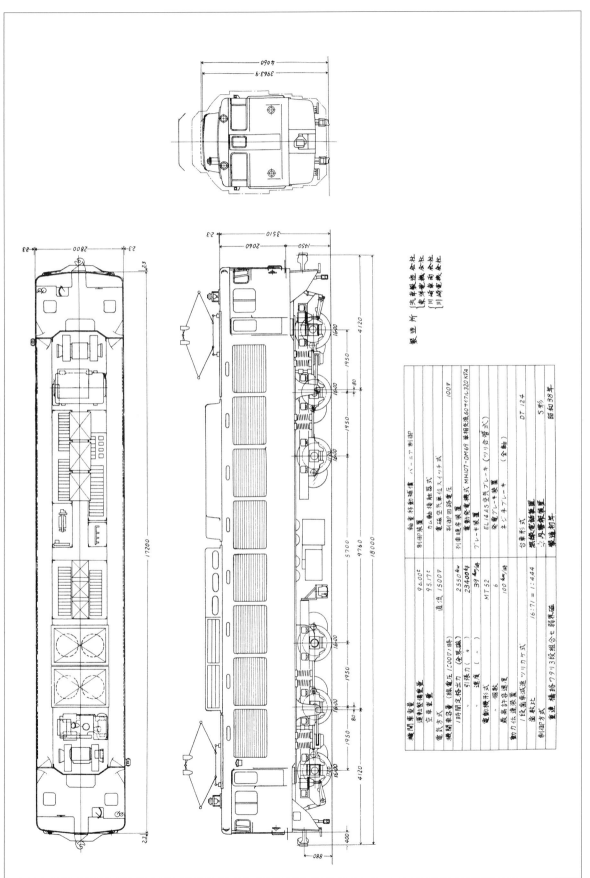

機関車重量		96.00t	軸重移動補償	バーニヤ制御
	運転整備重量	95.17t	力ム軸接触器式	
	空車重量		電磁空気単位スイッチ式	
電気方式		直流1500V	制御回路電圧	100V
機関車形式	(線電圧1500V時)		列車暖房装置	
1時間定格出力	(全界磁)	2550kw	電動発電機式 MH107-DM69 単相交流60サイクル320KVA	
	引張力 (〃)	23400kg		
	速度 (〃)	39km/時	ブレーキ装置	
電動機形式		MT52		EL14AS空気ブレーキ(ツリ合管式)
	個数	6		発電ブレーキ装置
最高許容速度		100 km/時		ネジ式手ブレーキ (全軸)
動力伝達装置	1段歯車減速ツリカケ式		台車形式	DT 124
歯数比	16:71 = 1:4.44		先輪電給装置	S形
制御方式			主電動機送風装置	
			製造初年	昭和38年
主電動機直列7併列3段組合せ弱界磁				

製造所 [汽車製造会社
　　　　[東洋電機会社
　　　　[川崎車両会社
　　　　[川崎電機会社

台車と
ブレーキ

EF62形の最大の特徴が、EF58形以来となる3軸台車である。主電動機を3軸とも同一方向に架装することで、車軸を等間隔に配置。さらにジャックマン式リンクで動力を伝達するなど、旧型電気機関車から大きく進化している。

EF62形54号機の第2エンド側のDT124台車。第5軸の側面に車体足があるため、軸箱付近が隠れている。

DT124台車組立　　1号機のDT124台車組立図。各輪軸の右側に描かれているのが主電動機。

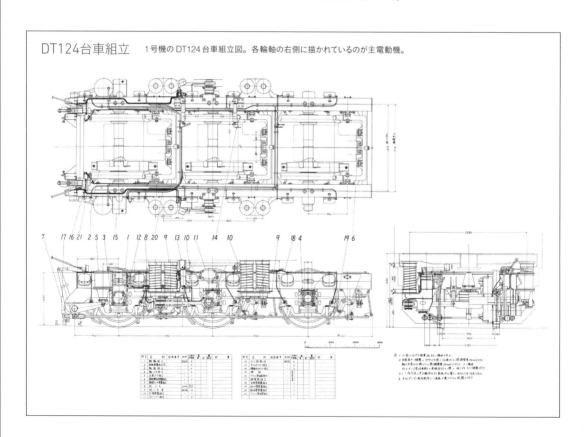

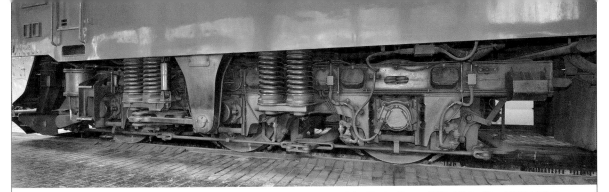

EF62形54号機のDT124台車を斜め後方から見た様子。量産車（写真は第2エンド3-1側）の枕バネは第6・5軸間は右巻き、第5・4軸間は左巻きになっており、反対側は逆巻になっている。

新型電気機関車で唯一の
3軸台車で軽量化

　EF62形は、66.7‰を含む25‰区間が点在する信越本線で、高崎～長野間の直通運用に開発された客貨両用の直流電気機関車である。第1章で紹介した通り、EF63形とは制御関係などがほぼ同じだが、旅客列車の電気暖房用電源を搭載する必要性と、信越本線の碓氷峠以外での軸重制限から、総重量の軽減に設計の重点が置かれ、総重量92t（量産車は96t）、軸重は15.3t（同16t）となった。

　また、軽量化の観点から新型電気機関車として初めて3軸台車のDT124を採用して、軸配置C-Cとしたことが大きな特徴である。旧型電気機関車では心皿を設ける必要があり、第3・4主電動機を第2・5主電動機と向かい合う構造としていた。DT124ではこれを車体中心寄りの同一方向に架装することで、軸距を2軸台車（EF63形DT125・126）の2,800mmから、等間隔の1,950mmとした。3軸台車なので走行中に線路に加わる横圧が大きいものの、台車自体をコンパクトにして軽量化を可能とした。

　これらの工夫の結果、台車枠単体の重量は約2.7tとなり、2基の台車を合わせて、B-B-Bの3台車方式より台車部分だけで約6tの軽量化を実現している。3軸台車であることから各軸の横道を許容する構造となっており、試作機である1号機の試験結果を元に、車輪横動量は第1軸を25mm、

第2軸を6mm、第3軸を13mmとしている。第2軸の横動量が少ないのは、第2軸が台車回転のほぼ中心にあるからだ。同時に主電動機も台車横梁から2本のリンクで吊った主電動機取付ゴム座と共に横動を許す構造となっている。

ジャックマン式リンクで
牽引力を伝達

　台車中央に第2軸と主電動機があるため、心皿を設けることができない。そこでEF62形では「ジャックマン式リンク」を採用し、台車からの牽引力を引張棒を経由して、台車両側の車体に取り付けられた車体足へと伝達している。

　仮想的に台車回転中心を決定するため、台車下部の2カ所に直角クランク（ベルクランク）を設置。車体足～引張棒～ベルクランク～中間棒～ベルクランク～引張棒～車体足と連結することで、台車はこれらのリンクによる仮想心皿を中心に回転することになる（92ページ図参照）。

　この台車回転中心は、3軸台車の中央の車軸である第2・5動輪より車端部に80mm寄った位置で、試作車の台車回転中心位置間隔は9,660mmとなった。量産車では前後台車の重量差を均等化するため、台車回転中心間隔を9,760mmと変更した。

　また車体足を長くして、引張棒（ベルクランク）の位置をレール面から465mmとすることで、仮想心皿をレール面から465mmとするたいへん珍しい方式となった。心皿がない

ことから車体重量は1台車あたり4カ所8本ある枕バネが全部受け持つ全側受方式とした。試作車では枕バネ8本は同じものだったが、量産車では枕バネが横倒れしないように、バネには右巻きと左巻きがあり、それを交互に配置している。

発電ブレーキを装備し
基礎ブレーキは片押し式

　基礎ブレーキ装置は、勾配抑速用として発電ブレーキを使用することから、新型電機としては珍しい片押し式となっている。ブレーキシリンダは車端寄り両側に垂直方向に設置。ブレーキテコによってブレーキロッドを引っ張ることで制輪子を圧着させる方式となっており、この部分だけを見ると旧型電機のようでもある。

EF62形は、ジャックマン式リンクによって牽引力を伝達する。車体足から引張棒、ベルクランクとつながる部分。

引張棒とベルクランクの接続部。引張棒の影に中間棒があり、反対側のベルクランクにつながっている。下部はブレーキ引き棒。

ジャックマン式リンクの仕組み このリンクで台車回転中心を決定し、牽引力に伝達も行っている。

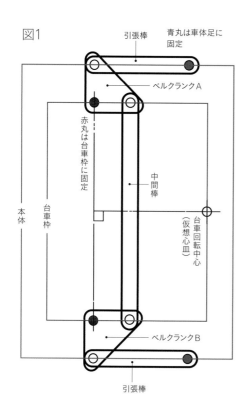

図1

引張棒
青丸は車体足に固定
ベルクランクA
赤丸は台車枠に固定
中間棒
台車回転中心（仮想心皿）
本体
台車枠
ベルクランクB
引張棒

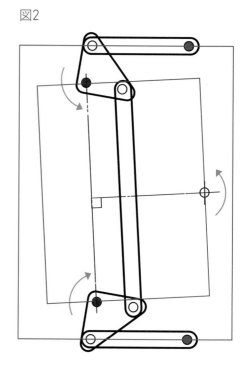

図2

ジャックマン式リンクは、牽引力を引張棒と車体足から本体に伝達すると共に、台車には心皿がなく、曲線通過時に台車はジャックマン式リンクの作用による仮想心皿を中心に回転する。

図1は直線上で台車が回転していない状態を上から俯瞰したものである。三角形で表したベルクランク（A・B）には3カ所の結合点があり、赤丸部分は台車枠に結合されている。外側の結合点は、それぞれの引張棒を介して青丸部分で車体足と結合されている（実際は縦方向になっている）。内側の結合点は、台車回転中心から見て直角の位置にある中間棒でベルクランク同士を結合している。

図2のように台車が反時計方向に回転すると、ベルクランクの一方は引張棒を介して車体に固定されているため、それぞれ台車枠に結

合されている赤丸部分を中心にベルクランクAは反時計回転、ベルクランクBは時計回転する。ベルクランク同士は中間棒で結合されているため、台車は仮想心皿を中心として回転しながらも、引張棒を通じて牽引力を本体へ伝達する仕組みとなっている。

なお、DT124は枕バネが4組あるため、台車が回転した際にねじられたバネが元に戻ろうとする復元力が過剰に作用すると、台車の円滑な回転を阻害することから、枕バネ下に挿入される防振ゴムは、台車回転方向に対して反発力が過剰に作用しないように切り欠きが設けられている。

EF62形と共にジャックマン式リンクを採用したのが交流電気機関車のED74形のDT129で、逆ハリンクの原理を組み合わせて、引張伝達点をレール面とした構造とし

ている。結果的に勾配区間を走行することが多い交流電気機関車ではこの台車が決定版となり、ED75・76・77・78形、EF71形と、後に製造された交流電気機関車全機種に採用されるなど、決定版ともいえる台車となった。

3位から見たDT124で、第6・5軸の間に設置された枕バネ。バネの下側にある膨らんだパーツが防振ゴム。右の逆三角形のような部品が車体足で、台車回転中心は車体足と引張棒の結合点から向かって右に80mmの位置にある。枕バネは2本あり、それぞれの防振ゴムは台車回転中心から円周方向を向くように取り付けられており、若干向きが違うのが見て取れる。

基礎ブレーキ装置組立

基礎ブレーキ装置は片押し式で、車端寄り両側の垂直方向にブレーキシリンダを設置。ブレーキテコによってブレーキロッドを引っ張ることで制輪子は円弧を描くように動き、踏面に圧着される。

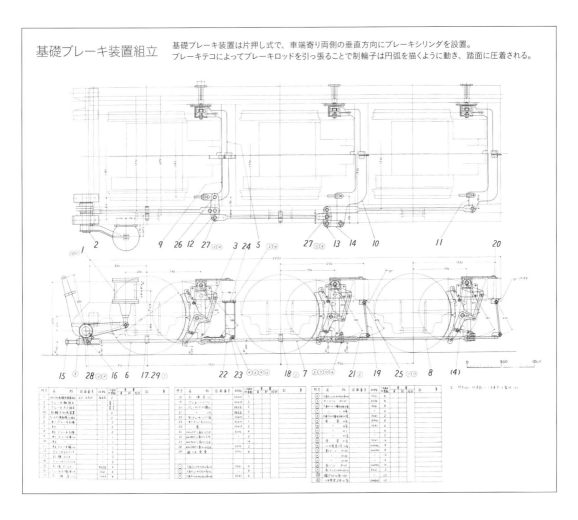

国鉄 EF63形 電気機関車

❶台車の車体部寄り両側にあるブレーキシリンダ。ブレーキテコを下に押し、軸箱下部を通るブレーキ引き棒によって各軸にブレーキ力を伝達する。

❷3軸2台車方式となったことで中間部分の床下に余裕ができ、この下に吊枠を設置。吊枠の上に元空気ダメを4個載せ、下部の3-1側には補助機器用抵抗器、2-4側には蓄電池を吊り下げている。

❸第3・4軸の主電動機は台車からはみ出たように架装されている。輪軸の横動に合わせて、主電動機が横動可能なように主電動機吊りがリンクになっているのが3軸台車ならではだ。

❹第2・5軸のブレーキ梁。各動軸が横動する構造となっているため、制輪子が追従できるように、ブレーキ引き棒はリンク機構になっている。ブレーキ梁中央に付く棒はブレーキ梁吊り。

93

運転室
1エンド

EF62形の運転室は、6軸駆動の新型電気機関車で初めての貫通型となった。運転台の形状はEF63形と似ているが、計器類は本線用の機関車として必要な数になる。取材したEF62形54号機はJR東日本で最後まで活躍したEF62形で、時代に即した改造がされている。

EF62形54号機の運転台全景。入館者が見学できるように常時開放されているため、天井から明かりが下がっている。

1エンド側の計器盤。EF63形のような、エンドによる計器数の違いはない。

国鉄 EF63形 電気機関車

運転室機器配置

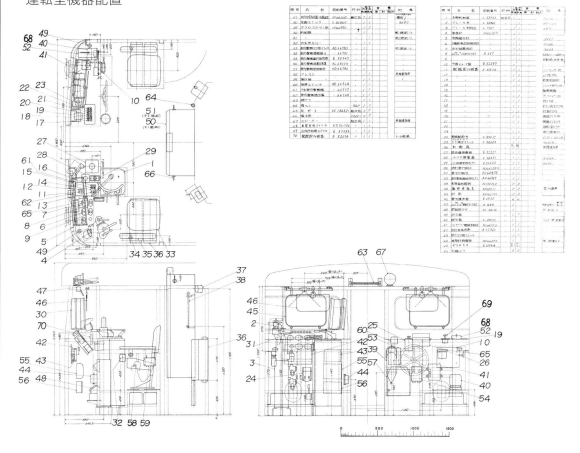

計器盤の上に付く表示灯。左から空ノッチ、暖房、ノッチ、発電ブレーキ、空転、送風機MM、送風機MR、HBしゃ断。

マスコンの奥にあるスイッチ類。左上は圧縮機、HB保チ、空転検知、暖房。左下は制御回路、バーニア制御、軸重、デフロスタ。中央の黒いダイヤルはバーニア調整器、赤いボタンはパンタ下げ(パンタ非常弁押ボタン)。右は限流値調整器。

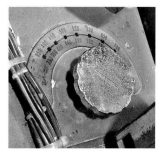

限流値調整器のダイヤル。バーニア制御時と非バーニア制御時の電流値が別々に刻印されている。時計回り一杯の赤字部分にダイヤルを置くと、非バーニア制御になる。

95

運転台まわりの全景。貫通型なので機器類がコンパクトにまとめられている。足下のペダルは砂撒きスイッチ。

縦長のブレーキ弁本体。上部が単独ブレーキ弁、下部が自動ブレーキ弁となる。右下のコックは切換コックで、両運転台のどちらのブレーキ弁を使用するか、もしくは重連運転時にブレーキ弁を無効にするかを決定する。

主幹制御器。下段の力行は F4、上段の発電ブレーキは B9 まで刻まれている。マスコンハンドル直下の逆転ハンドルは挿入されていない状態。「前進発電」「前進力行」「切」「後進力行」「後進発電」の位置があるのは EF63形と同じ。

助士席

EF62形54号機の助士席。EF63形と同様に手ブレーキは両エンドに設置されている。その上のATS機器は後年に追加されたもの。

左のダイヤルはSH627形区間切換スイッチ。EF63形と協調運転をする際に「横川軽井沢」に切り換える。右は非常ブレーキ用のB3A 吐出弁。

左の四角い箱はATS復帰スイッチのカバー。右のハンドルはパンタグラフ上下操作スイッチ。奥はATS-P関係の機器。

手ブレーキハンドルの脇にあるスイッチ。上段中央に入換と本線。下段はATS切換連動で短絡と定位を選択し、左からATS切換連動、記録器電源、ATS-P電源。

背面中央の上部にある表示灯。左から OCR1・3、OCR2・5、OCR4・6、GR、MG。

背面中央にあるスイッチ。左から機械室灯、主抵抗器送風機、主電動機送風機、抵抗制御 PM、バーニア PM、転換制御 PM。

乗務員室扉から入ってすぐにある緊急防護スイッチ（左）と列番設定器のスイッチ。

左のスイッチの下にあるスイッチ類。上段左から電動発電機、制御蓄電池、空転 PL、パンタ元、砂マキ、圧縮機同期、自車調圧器。下段左から MM・MR 送風機 PL、高速度シャ断 PL、ノッチ PL、過電接地 PL、発電ブレーキ PL、機械室灯、MG 電源 PL、暖房制御。

貫通扉・通風口

2エンド側の貫通扉を開けた様子。

閉めた状態の1エンド側貫通扉。通路の幅は450mm。窓部分のステップは取り外し式になっている。

EF62形は前面窓の上に通風口（正式名称は、風案内板）が設けられた。1号機にはなく、量産車から追加されたが、EF63形の後について勾配を下る際には、発電ブレーキの排熱によりトンネル内は50℃近い熱気となるため、外気を取り入れるところか、窓ガラスにも触れないほどの熱さになったという。

運転室
2エンド

EF62形54号機の1エンド側は、いつも運転室を公開しているが、2エンド側は施錠されて入ることができない。今回、特別に2エンド側を開けてもらい、撮影させていただいた。非公開なので1エンド側ほど傷んでいない。

EF62形54号機の2エンド側運転室。通常は非公開のため、引退当時の様子をよく留めている。

国鉄 EF63形 電気機関車

ブレーキ弁右下の切換コックは、操作しやすいようにコックが延長されている。上部の透明部品は力行回路と連動する電気接点。

手前のハンドルは弱め界磁ハンドルで、全界磁と弱め界磁4段の切り換えが可能。逆転ハンドル、マスコンハンドル、弱め界磁ハンドルはそれぞれ機械的なインターロックがあり、各ハンドルの操作には条件がある。

東海道本線の荷物列車の先頭に立ち、
出発を待つEF62形32号機。汐留
1986年8月　写真／長谷川智紀

山を下りた山男

　1984（昭和59）年2月ダイヤ改正で、碓氷線区間を通過する貨物列車が全廃されることとなった。EF62形は余剰が発生するため、東海道・山陽本線で荷物列車の牽引に用いられ、老朽化が進んでいたEF58形と、同じくクイル式駆動装置の不調に悩まされていたEF61形の置き換え用に転属が行われた。

　従来、東海道・山陽本線の荷物列車では蒸気暖房が使用されており、EF58形とEF61形が使用されていたのは蒸気暖房発生装置（SG）を持っていたからだったが、郵便車・荷物車とも世代交代が進み、電気暖房付車が多くなっていたことから、EG

を持つEF62形に白羽の矢が立てられた。

　初期から中期型の4・13〜34・36〜38号機の26両が高崎第二機関区から、遠く下関運転所に転属。新たな使命を与えられたEF62形だが、歯数比4.44の本来の用途である勾配線区用とはかけ離れた平坦線区の連続高速運転により、弱め界磁制御の長時間使用によるフラッシュオーバー※などの重大故障が多発するようになった。

　しかし、荷物列車は1986（昭和61）年11月に全廃されることになり、EF62形は運用を喪失。信越本線でも客車列車の減少から、JR東日本に承継された6両

（41・43・46・49・53・54号機）を除いて、国鉄分割民営化を待たず1987（昭和62）年2月までに、その大半が廃車となった。

※フラッシュオーバー…直流直巻電動機では回転部分の電機子コイルに対して、整流子（コミュテータ）によって電力を供給している。高速走行に備えて弱め界磁制御を行うと整流作用が悪化し、本来電機子コイルに流れる電流が整流子表面を流れるようになり、整流子表面においてアークが発生する。

　このアークが何らかの要因で連続すると、整流子を短絡することとなり、最悪の場合、主電動機の破壊にまで至る場合がある。近年ではEF65形1118号機がフラッシュオーバーが原因で廃車となっている。

第 3 章

碓氷峠のアプト式機関車

国鉄で最も厳しい急勾配を越えるため、信越本線横川～軽井沢間はアプト式で敷設された。鉄道敷設からEF63形による粘着運転に切り替わったしばらく後まで、蒸気機関車4形式、電気機関車4形式が峠の輸送を支えた。

アプト式蒸気機関車

碓氷峠のアプト式鉄道は、ドイツの登山鉄道を参考に採用されたため、日本では珍しくドイツ製の蒸気機関車が輸入された。続いてイギリス製が2形式輸入され、4形式目は国産となった。

文●松本正司

国鉄 EF63形 電気機関車

3900形蒸気機関車

日本では数少ないドイツ製機関車
成績優秀で16年後に追加発注

1892(明治25)年、官設鉄道(のちの国鉄、現在の JR各社)が中仙道線(のちの信越本線・中央西線)の横川〜軽井沢間の急勾配区間(碓氷峠)用に4両輸入したドイツ・エスリンゲン製のCタンク機関車が3900形である。官設鉄道では初のドイツ製だった。

明治期の日本では珍しいドイツ製蒸気機関車の3900形。ボイラーの上にある蒸気溜の大きさが目立つ。写真は蒸気溜と運転室の間に四角い重油タンクを搭載した後年の姿。写真／『車両の80年』より

1893（明治26）年の横川〜軽井沢間開業とともに使用を開始した。

当初の形式名はAD形（194、196、198、200号機）で、1894（明治27）年に126、128、130、132号機と改番された。1898（明治31）年の鉄道作業局への改組に際してC1形（500〜503号機）に改称。1909（明治42）年に鉄道院の形式称号規程が制定されて3900形に改められ、3900〜3906号機（後述の追加発注3両を含む）に改番された。

到着後、ただちに新橋工場で組み立てられ、日本鉄道高崎線経由で横川まで自走してきたが、ピニオンギヤを左右逆に組み間違えてあったことからラックレールに噛み合わせることができず、工場に送り返される一幕も。工事を監督していた英国人のお雇い技師がドイツ人の指導を嫌い、自分が運転しようとして立ち往生するなど散々な評価を下したが、実際には成績優秀で、後継3機種が出揃った16年後の1908（明治41）年に3両が追加発注された（C1形518〜520号機）。

碓氷峠電化後も貨物用および予備機として1912（明治45）年の電化後もそのまま働き続け、10020（ED40）形が増備された1922（大正11）年に全機廃車となった。すべて解体され、保存車はない。

通常のシリンダー2基のほかにピニオン駆動用のシリンダーが内側に2基あるため、台枠は動輪の外側にある。4基のシリンダーに蒸気を送るため、ボイラー上のスチームドーム（蒸気溜）が大きく目立つ。質の悪い石炭による乗客・乗務員の窒息事故が相次いだことから、1897〜8（明治30〜31）年頃に重油併燃装置を取り付け、ボイラー上に大きな重油タンクを搭載した。追加の3両は最初から重油タンク搭載済みであった。

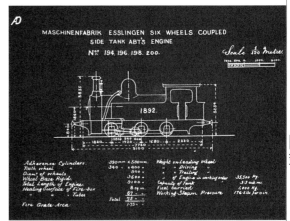

3900形の形式図

重油タンク搭載前の本来の姿。第1・第2動輪の内側に2軸のピニオンギアがあるのが分かる。単位はmm表記。図／『日本国有鉄道百年史』より

3920形蒸気機関車

イギリス人に気を遣った英国製
当初は前後に長い煙突を採用

横川〜軽井沢間開通後の1895（明治28）年、増備車として英国ベイヤー・ピーコック社で2両製造された。

横川〜軽井沢間の急勾配区間にドイツ製機関車を採用したのは、この区間のルート選択に困っていた明治政府のもとに、のちの鉄道大臣で当時ドイツ留学中の仙石貢より、ラックレール（歯軌条）を用いた登山鉄道（ハルツ山鉄道）が開業したことが報告され、いくつかのラックレール方式の中からハルツ山鉄道と同じアプト式を採用したことによるもので、機関車もまたハルツ山と同じエスリンゲンに発注したのだった。

一方、これは明治政府のお雇い外国人で鉄道敷設を牛耳っていた英国人達にとっては許しがたいことだった。国内にほとんどラック式鉄道のないイギリス製の機関車を発注したのには、このような事情がうかがえるのである。

当初の形式名はAH形（168、169号機）で、1898（明治31）年にC2形（504・505号機）に改称。1909（明治42）年に3920形（3920・3921号機）に改番された。

この2両の機関車は多分に試験的要素の強いもので、輸入時はＴ字形の前後に長い煙突を備えていた。さすがにこれは燃えが悪く、早期に撤去されている。水タンク容量を増やすため、サイドタンクが運転台から煙室前面まで、ボイラーと同じ高さで続いている。コールバンカー（炭庫）は通常の運転台後部ではなく、右側の水槽の一部を区切って、そこに石炭を積んでいる。ピニオンの駆動は1段減速歯車

導入当初の3920形。長いトンネル内で運転室に煙が入るのを防ぐため、前後に長い煙突を装備していた。写真／国鉄パンフレット『長野電化完成』より

長い煙突を撤去され、Ｃ2形に改称された時代の3920形。ボイラー横の大きな水タンクが特徴で、石炭もここに積載した。写真／『車両の80年』より

国鉄 EF63形 電気機関車

式。3900形より大型で重くなったので、軸配置は先輪の付いた1C。それでも軸重は16トンを超えていて、昭和の幹線用蒸気機関車C59形や0系新幹線並みである。

　2両とも電化後の1917（大正6）年に廃車になった。3921号が品川庫に保管（放置）されていたが、1923（大正12）年の関東大震災で脱線破損、のちに解体されている。

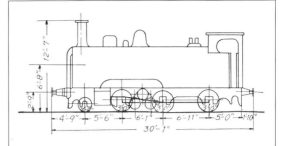

3920形の形式図

3920形の形式図。サイドタンクが大きいので、形式図でもボイラーが完全に隠れている。運転台後部に炭庫がないのが形式図からも分かる。単位はインチ表記。図／『日本国有鉄道百年史』より

3950形蒸気機関車

3920形を大型化して10両投入
増備中に重油タンクを搭載

　横川～軽井沢間の輸送量増加により、1898（明治31）年に4両、1901（明治34）年に2両、1908（明治41）年に4両輸入された、英国ベイヤー・ピーコック製のタンク機関車。ちなみに、横川～軽井沢間ではテンダー（炭水車付き）機関車は存在しなかった。1898年以降の製造なので当初の形式名はC3形（506-509、510・511、496-499号機）で、1909（明治42）年に3950形（3950-3959号機）に改番された。

見るからに3920形よりも大きな3950形。運転室の後部に炭庫があるのが分かる。写真は1901年製の510号機で、新製時からボイラー上に重油タンクを搭載している。写真／『車両の80年』より

前出の写真と同じ510号機。撮影時期は不明だが、比較すると蒸気溜の脇にある脱線復旧用のジャッキが大型になっている。写真／『日本国有鉄道百年史』より

国鉄 EF63形 電気機関車

3920形と違い、運転台後部に炭庫を設けている。3920形より大型になり、水と燃料の搭載量も増えたことから、さらに重くなっている。このため従輪を1軸増やして、軸配置はC12形やC58形と同じ1C1になった。そのぶん軸重は軽くなり、C57形と同程度の14トンほどになった。駆動部分は先の3920形とほとんど同じである。さすがに効果のな

かったT字型の煙突は廃止された。煤煙対策のため、1901年の増備車からボイラー上に重油タンクを設置している。最初の4両も、同時期に改造されている。

1912（明治45）年の電化により旅客列車からは撤退したが、当時の電気機関車はまだまだ信頼性が低く、また数も充分ではなかったため、貨物列車用および予備として、しばらく運用に就いていた。

1921（大正10）年、全機廃車になった。そのうち3951号機は解体を免れて、汐留駅構内に保管されていたが、1923（大正12）年の関東大震災で建物が焼失。焼けただれた姿で大井工場（現在のJR東京総合車両センター）に運び込まれたが、太平洋戦争が始まると資材供出のため解体されてしまった。

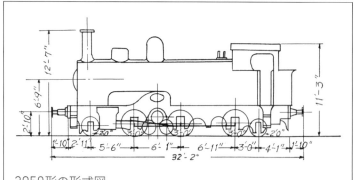

3950形の形式図

動輪は3軸だが、運転室の下に従輪が1軸追加されている。
単位はインチ表記。図／『日本国有鉄道百年史』より

３９８０形蒸気機関車

唯一の国産アプト式蒸気機関車 スマートな外観が特徴

1904（明治37）年の日露戦争の開戦により首都東京と日本海側の交通量が増加し、横川〜軽井沢間の機関車も増備を余儀なくされたが、外国に発注したのでは時間がかかることから、当時創業したばかりの国産車両メーカーの汽車会社により製造されたもの。1906（明治39）年、1908（明治41）年、1909（明治42）年にそれぞれ２両ずつ造られた。

当初の形式名はC3形（512〜517号機）で、1909年に3980形（3980〜3983号機）に改番され、同年製造車は続番の3984、3985号機となった。

ピニオンギアをベイヤー・ピーコック社から取り寄せた以外は完全国産品だが、オリジナル設計ではなく3950形のコピーである。図面がなかったので3950形の実物にメジャーをあてて寸法をとり、スケッチを描いては現場に渡すという離れ業も演じたが、それでも製造は遅れに遅れて、ようやく

納品した頃には機関車代金とほぼ同じ金額の遅延損害金を支払わなくてはならなかった。それでも同社の技術向上には大いに役立ったという。3950形のピーコック社製重油燃焼装置の出来が良かったことから、本機は最初からボイラー上に重油タンクを設置している。

ベイヤー・ピーコック社の3950形は丸鋲でリベットが目立ったが、平頭鋲の採用と、サイドタンク上面に曲線を付けたことから、オリジナルよりスマートに感じる。ただ、蒸気圧の上がりが悪いなど性能はあまり芳しくなく、1912（明治45）年に電化が完成すると、アプト式の装備を撤去して奥羽本線福島〜米沢間の板谷峠の補機に転用されたが、あまりに速度が遅く、また老朽化が激しくなったことから、1917（大正6）年から1919（大正8）年にかけて全機廃車になり、10年ほどの短い生涯を閉じた。すべて解体され、保存機はない。

設計のベースとなった3950形と比べ、丸みのあるスマートな外観が特徴の3980形。運転室の窓形状も変更され、近代的な外観になった。513号機の数字の下に、C3と書かれた楕円形の銘板が付く。写真／『車両の80年』より

国鉄 EF63形 電気機関車

アプト式蒸気機関車諸元表

項目 / 形式		3900形	3920形	3950形	3980形
シリンダ 直径×行程	粘着式	390×500mm	394×508mm	394×508mm	394×508mm
	ラック用	340×400mm	298×406mm	298×406mm	298×406mm
使用圧力		12.4kg/cm^2	12.7kg/cm^2	12.7kg/cm^2	12.7kg/cm^2
火格子面積		1.73m^2	1.87m^2	1.87m^2	1.87m^2
全伝熱面積		74.6m^2	118.2m^2	118.2m^2	118.2m^2
ボイラ水容量		3.2m^3	2.8m^3	3.6m^3	4.1m^3
水タンク容量		3.48m^3	5.23m^3	6.8m^3	6.66m^3
燃料積載量		1.02t	1.72t	2.03t	2.03t
機関車重量(運転整備)		39.56t	56.13t	50.56t	58.12t
機関車重量(空車)		31.01t	42.82t	46.70t	46.89t
機関車動輪上重量(運転整備)		39.56t	45.16t	42.13t	39.04t
機関車最大軸重(第二動輪上)		13.78t	16.05t	14.07t	13.06t
動輪直径		900mm	914mm	914mm	914mm
粘着シリンダ引張力		10.478kg	10.957kg	10.957kg	10.957kg
製造年		1892年4両 1908年3両	1895年2両	1898年4両 1901年2両 1908年4両	1906年2両 1908年2両 1909年2両
製造所		独 エスリンゲン	英 ベイヤー・ピーコック	英 ベイヤー・ピーコック	大阪 汽車製造会社

国鉄 EF63形 電気機関車

アプト式 電気機関車

碓氷峠は1912年に電化され、ドイツ製の電気機関車が12両輸入された。続いて投入されたED40形は国産初の電気機関車となった。ED41形から構造が改められ、ED42形がアプト式廃止まで輸送を担った。

ＥＣ４０形電気機関車

日本初の電気機関車
電気運転で運転効率を向上

横川〜軽井沢間列車の蒸気機関車による煙害で乗客・乗務員の窒息事故が相次いだことから、同区間を電化することになり、最初に輸入された電気機関車が当初10000形と呼ばれた、のちのEC40形である。1911(明治44)年にドイツから12両(10000〜10011号機)が輸入され、翌12年5月11日の同区間電化から供用された。車体や台車などの機械部分がエスリンゲン、電気部分がアルゲマイネ(AEG)製である。

日本初の電気機関車で、当初は10000形と称していた。集電装置は昔の路面電車のようなポール式。
車体色は軽井沢駅舎記念館の保存車と同じグレーと思われる。写真／『車両の80年』より

2基のモーターをそれぞれ1基ずつ動軸とピニオン駆動用に用いている。架線電圧は直流600V、制御回路（低圧）はバッテリーによる直流80Vで、横川〜軽井沢間2往復するごとに充電の済んだバッテリーと交換していた。重連総括制御が可能で、そのためのケーブルリールをボンネット内に収納していた。機関庫構内と駅構内はポール（のちにパンタグラフ）集電だが、本線上はトンネル断面が小さいため架線集電ができず、地下鉄のようなサードレール（第三軌条）からの集電だった。

はじめは両運転台だったが、1914（大正3）年に下り方（軽井沢寄り）の運転機器を撤去して片運転台になった。以後、横軽廃止まで、この区間では下り列車は上り方運転台からの推進運転が基本と

EC40形に改称後の10000形。集電装置はパンタグラフに、連結器は自動連結器に交換されている。台枠脇の蓋や明かり取り窓など、細部が変更されているのが分かる。車体色はぶどう色と思われる。写真／『車両の80年』より

10000形の形式図

連結器はバッファーだが、集電装置はパンタグラフを搭載する。図／『日本国有鉄道百年史』より

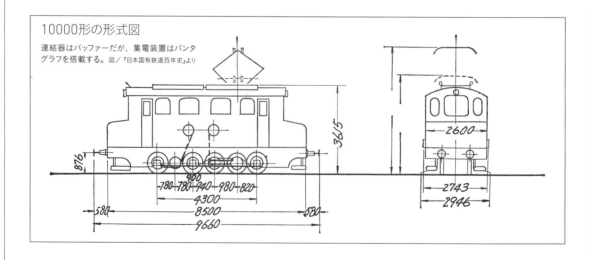

国鉄 EF63形 電気機関車

なった。

電化後は煙の出ない快適さと速度向上・給水時間の省略による運転時間の短縮が図られ、従来75分かかっていた横川〜軽井沢間が45分に大幅に短縮された。

1928（昭和3）年の形式称号改正でEC40形（1〜12号機）となったが、その頃から故障が目立つよう

になり、1933（昭和8）年にED42形が登場すると、後輩に道を譲るように1936（昭和11）年までに全機廃車になった。

EC40形1〜4号機が京福電鉄に譲渡され、1・2号機が京福テキ511・512号機となった。のちに1号機が国鉄に返還され、現在も軽井沢駅舎記念館に保存されている。

ＥＤ４０形電気機関車

初の純国産電気機関車
性能も良好で、その後の弾みに

ED40形は、デビュー当初は10020形と呼ばれた純国産の電気機関車である。1919（大正8）年に4両、1920（大正9）年に4両、1921（大正10）年に3

両、1922（大正11）年に2両、1923（大正12）年に1両の計14両（10020〜10033号機）が鉄道院大宮工場（現在のJR東日本大宮総合車両センターおよびJR貨物大宮車両所）で製造された。本機の増備により、横川〜軽井沢間の蒸気機関車が全廃された。

10000形と同出力のモーターをやはり2基使用

10000形の模倣ではなく、動輪を4軸にし、性能も向上させた国産初の電気機関車。写真はED40形に改称後で、連結器も自動連結器に交換されている。
写真／『車両の80年』より

しているが、こちらの方が動軸が4軸で1軸多いのと、15トンほど重いので、トルクは勝っている。飾り気のない箱形の車体に、やや小振りなパンタグラフが屋根中央に付く。運転台は上り方のみで、反対側の車端には大きな抵抗器室が車体からはみ出すように取り付けられている。

　まだ精密な工作機械もなく、経験もない中で、純国産の電気機関車を造り出した人々の勇気と技に感動を覚えるほどである。そしてその出来上がった機関車の性能は、輸入品の10000形を上回

るほどであった。1928（昭和3）年に形式称号規程が改正され、ED40形（1～14号機）となった。

　ED42形が順調に増備されていった1943（昭和18）年から廃車が始まり、1952（昭和27）年までに全車が廃車となった。2両が東武鉄道に、3両が伊豆箱根鉄道に、2両が南海電鉄に譲渡されている。東武鉄道に行った2両のうちの1両が国鉄に返還され、復元整備された。それが今、大宮の鉄道博物館に展示されているED40形10号機である。2018（平成30）年には国の重要文化財に指定された。

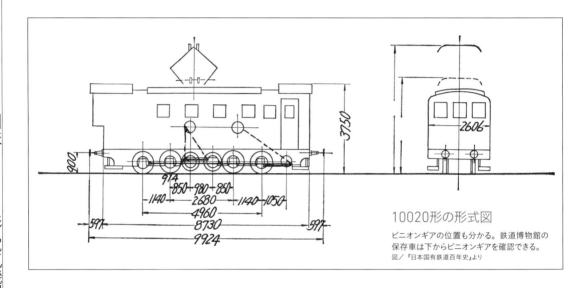

10020形の形式図

ピニオンギアの位置も分かる。鉄道博物館の保存車は下からピニオンギアを確認できる。
図／『日本国有鉄道百年史』より

ＥＤ４１形電気機関車

スイス製らしい優雅な前面
制御器などに新機構を搭載

　なおも増加を続ける碓氷峠の輸送量を確保するため、より強力な機関車が必要になり、1926（大正15）年にスイスから2両輸入されたのがED41形である。当初は10040形（10040、10041号機）と呼ばれたが、1928（昭和3）年の形式称号改正でED41形（1、2号機）になった。電気部分がブラウン・ボベリ、機械部分がスイス・ロコモーティブ・アンド・マシンワークス（SLM）製である。

　今までの10000（EC40）形・10020（ED40）形の固定軸と異なり、ボギー台車方式となった。200kWモーターをアドヒージョン（粘着）台車2台とラック（歯車）台車1台にそれぞれ1基ずつ、合計3基搭載している。アドヒージョンモーターからはジャック軸を介してロッド（連結棒）で車輪に動力を伝える。ラック台車は前後の車軸（第2軸・第3軸）に吊り掛け式に重量を負担させている。

　前2機種は制御回路の低圧電源にバッテリーによる直流80Vを得ていたが、このED41形からは電動発電機により直流100Vを発生させている。屋

根上に大きなパンタグラフと元空気溜（エアータンク）を載せているのがスイス機の特徴でもある。

車体は箱形で片運転台、運転台のある側（前位）は折妻、運転台のない後位は切妻である。ED40形ではアドヒージョンモーターの出力とラックモーターの出力が1：1であったが、ED41形では2：1

としてラック・ピニオン双方の摩耗を防止している。

このED41形を元にして、国産のED42形が造られた。1951（昭和26）年に2両とも廃車解体され、保存機はない。

ED41形に改称後の10040形。ED40形と重連を組んでアプト区間を走行する。折妻の前面はスイス製の電気機関車らしい優雅さがある。写真／『車両の80年』より

ＥＤ４２形電気機関車

アプト式の廃止まで
碓氷峠を支えた国産機

先のED41形をもとに設計・製造されたのが、このED42形である。車体のデザインを少々アレンジした以外は、ほとんどそのままコピーと言ってよい。たとえば主幹制御器（マスコン）のハンドルは欧

州に多く見られる丸形で、国鉄制式機では唯一本機だけのものである。ただしED41形の制御器が電車式の電動カム軸接触器だったものを省形標準の電磁空気単位スイッチに変更するなど、実用本位の部分もある。

1933（昭和8）年に試作機ともいえるED42形1～4号機が製造され、この4両の使用結果を踏まえ、

1936（昭和11）年から戦後の1948（昭和23）年までに総数28両が造られた。車体形状の違いから1〜4号機が試作機、5〜22号機が量産機、23〜28号機が戦時形と大きく3タイプに分類される。

戦時設計車は各部工作の簡易化、外板の薄板化、銅からアルミなどの代用材への変更、一部機器の省略、屋上モニタの省略、乗務員室扉の木製化、窓隅のRの廃止などである。そのため信頼性の低いものであったが、のちに代用材から従来の部材への復元などが行われて、本来の性能を取り戻した。

上り列車は発電ブレーキを多用するため、主抵抗器を赤熱させて急勾配を下っていたが、1942（昭和17）年に戦時輸送に対応するため主抵抗器の容量増大工事が行われた。それでも抵抗体の損傷が多かったことから、戦後の1951（昭和26）年から翌年にかけて全車に回生ブレーキの取り付け改造を行った。これにより主抵抗器の損傷事故はなくなり、電気代の大幅な節約につながった。

1963（昭和38）年9月のアプト式廃止・新線切換により、同年12月に全機廃車となった。1号機が横川構内を経て碓氷峠鉄道文化むらに、2号機が軽井沢町内の小学校に保存されている。

国鉄 EF63形 電気機関車

無骨な箱形の車体を持つED42形。写真は1エンド側だが、運転台は2エンド側になる。この2号機は軽井沢町立東部小学校に保存されている。
写真／『車両の80年』より

碓氷峠鉄道文化むら保存車に見る
ED42形のディテール

国鉄では碓氷峠しか採用例のないアプト式だが、電気機関車はED41形を除いて、いくつか保存されている。ここでは碓氷峠鉄道文化むらに保存されているED42形のディテールを紹介しよう。なお、本機は1967（昭和42）年10月14日に準鉄道記念物に指定されている。

台車側面から見たピニオンギア。動輪用とは別にピニオン用の主電動機を搭載する。

現在も機関庫の中で大切に保存されているED42形1号機。1987年に、構内走行ができる程度に動態復元された。写真は運転室がある2エンド側。

台車の中央にあるピニオンギアを下から見た様子。ギアはラックレールと同様にピニオンギアは3枚ある。動輪の第2軸・第3軸に荷重を負担させる。

ED42形の台車。アドヒージョン台車上に主電動機を架装。1段歯車減速でジャック軸を駆動し、連結棒で動輪に動力が伝達される。

横川と軽井沢の駅構内以外では、パンタグラフではなく集電靴で集電する。碓氷峠は日本初の第三軌条でもあった。下面接触方式で集電し、集電靴は跳ね上げ可能な構造。

アプト式電気機関車諸元表

項目 ＼ 形式	EC40形	ED40形	ED41形	ED42形	(参考)EF63形
電気方式 (第三軌条・架線)直流	600V	600V	600V	600V	1500V
主電動機形式	MT3	MT3A	MT21	MT27	MT52
主電動機電圧	540V	540V	540V	540V	750V
主電動機 一時間定格出力	215kW	240kW	180kW	180kW	2,550kW
主電動機回転数 (毎分)	550	570	330	323	860
主電動機個数	2	2	3	3	6
制御装置	電磁、 単位スイッチ式	電磁、 単位スイッチ式	電動カム軸 接触器式	電磁空気単位 スイッチ式	カム軸接触器式、 電磁空気単位 スイッチ式
制御回路電圧	直流80V	直流80V	直流100V	直流100V	直流100V
バッテリー容量	108AH	108AH	40AH	28AH	無負荷105V 負荷91V
機関車重量(運転整備)	46.00t	60.70t	59.85t	63.36t	108.0t
動力伝達方式 粘着	一段減速側棒式 14:91	一段減速側棒式 15:97	一段減速側棒式 19:94	一段減速側棒式 20:93	一段歯車減速 ツリカケ式
動力伝達方式 ラック	一段減速側棒式 15:88	一段減速側棒式 17:99	二段減速 59:109×28:56	二段減速 63:105×26:58	―
制動機種類 空制	EL14B	EL14B	EL14B・ 歯車用直通	EL14B・ 歯車用直通	EL14AS
制動機種類 手用	動輪・歯車帯式	動輪・歯車帯式	動輪・歯車帯式	動輪・歯車帯式	ネジ手ブレーキ
制動機種類 その他	電気ブレーキ	電気ブレーキ	電気ブレーキ	発電ブレーキ、 回生ブレーキ	発電ブレーキ、電 磁吸着ブレーキ、 非常停留装置
引張力 粘着	5,500kg	5,900kg	7,850kg	9,300kg	23,400kg
引張力 ラック	11,000kg	11,800kg	11,800kg	14,000kg	―
最高許容速度 粘着	25km/h	25km/h	25km/h	25km/h	100km/h
最高許容速度 ラック	20km/h	20km/h	20km/h	20km/h	―
製造年及両数	1911年 12両	1919〜23年 14両	1926年 2両	1934〜47年 28両	1962〜76年 25両
製造所	独 エスリンゲン、 アルゲマイネ	鉄道省 大宮工場	スイス ブラウン・ボベリ、 SLM	日立、芝浦、三菱、 川崎、東洋、東芝、 汽車会社	東芝、三菱、 川崎、富士電機
代価	39,000円	101,322円	240,078円	135,000〜 138,474円	66,528,990〜 159,888,000円
廃車	1936年4月	1951年2月	1951年12月	1963年12月	1998年6月

国鉄 EF63形 電気機関車

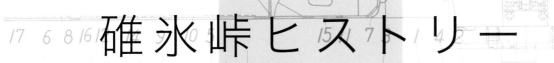

第4章

碓氷峠ヒストリー

碓氷峠を支えてきたEF63形
は、極めて特殊な構造を持つ
電気機関車であったが、この
区間の鉄道を支えた車両たち
は、開業時から特殊な車両た
ちばかりであった。第4章では、
極めて特異な鉄道情景であっ
た碓氷峠の104年をまとめて
みたい。

碓氷峠鉄道史
1893〜1997

文●岩成政和

古くから坂東と信濃国を結ぶ難所の峠道として知られる碓氷峠。明治に入り鉄道が整備されると、信越本線のルートは1880年代に整備されたが、横川〜軽井沢間は建設に苦難した。アプト式を採用して峠を越え、粘着式に切り換えられた後も交通の隘路に変わりなかった。先人達が苦労して越えた碓氷峠の鉄道史を振り返る。

国鉄 EF63形 電気機関車

横川〜軽井沢間には大小18の橋梁が架けられ、第18号鉄橋を除いてすべてアーチ橋であった。写真の碓氷川橋梁はこの区間で最長の長さ91.1mのれんが積みアーチ橋で、川底からの高さは31.4mであった。この壮大な橋梁が、1892年の開業までに架けられたのであった。写真／『日本国有鉄道百年史』より

其の1 アプト式で鉄道が開通

信越本線の始まりは
東西間ルート論争から

1872（明治5）年の新橋〜横浜間開業から始まっ

た日本の鉄道は、まもなく東西間（東京−大阪）を結ぶ路線をどこに通すかという問題につき当たった。すなわち東海道案と中山道案の対立である。

距離や工事の難易度では東海道に分があるのは明らかだ。ただ東海道には汽船という鉄道以外の近代的輸送手段も生まれていたし、ペリー来航時以来の外国船の大砲の恐怖も根強く残っていた。中山道なら海運が使えない山岳部の発展に寄与す

横川〜軽井沢間には大小26のトンネルが建設された。写真の第26号隧道はこの区間で最長の長さ432.5mで、湧水が激しく工事は困難を極めたという。
写真／『日本国有鉄道百年史』より

るし、艦砲射撃の恐れもない。

　調査と議論の結果、1876（明治9）年に東西間は中山道経由と決まった。財政難などで着工は遅れたが、1883（明治16）年、東は高崎、西は大垣から中山道の鉄道建設が開始される。高崎―東京間が抜けたのは、日本初の本格的私鉄であり高崎線、東北本線、常磐線などの元祖とされる日本鉄道が、1882（明治15）年に高崎線を着工していたからである。

　1884（明治17）年5月、日本鉄道の上野〜高崎間が開通、続いて官鉄（当時は国鉄を官設鉄道と呼んでいた）が高崎〜横川間を1885（明治18）年10月に開通させた。

　そしてルート中央部からの建設も進めるべく、日本海側の直江津港に陸上げした建設資材を内陸に輸送する路線が建設されることになり、1886（明治19）年8月の直江津〜関山間開業を皮切りに長野方面に伸びていった。

　ところが中山道ルートの測量や設計を進めるにつれ、このルートが予想以上に工期と工費がかかり、完成後の輸送力も勾配等の影響で乏しいことが判明した。このため1886（明治19）年7月、政府は東京―名古屋間の鉄道ルートを東海道経由に変更、1889（明治22）年に東海道線で東京と京阪神が結ばれてしまう。

　だが、直江津から南下する鉄道は建設が続行される。それは、その目的が中山道ルートの資材輸送から、首都と日本海側を結ぶことに変わったからだった。かくして直江津からの鉄道は1888（明治21）年12月には軽井沢まで達し、残るは横川〜軽井沢間だけとなった。

急勾配の横川〜軽井沢間にアプト式採用を決定

　横川〜軽井沢間は直線距離で8km。だが高低差は553mもある。1884（明治17）年に碓氷新道（現在の旧国道）ができ江戸時代より楽にはなったが、人々は山道を徒歩や籠で往来していた。

　1888（明治21）年9月、碓氷新道上に馬車軌道（碓氷馬車鉄道）が開通、同年12月軽井沢に鉄道が達すると横川と軽井沢の両終点を結ぶ手段として繁盛した。ちなみに横川〜軽井沢間に2時間半を要したという。この年の夏から軽井沢には外国人別荘が建ち始め、今日の避暑地の源流が生まれている。

　横川軽井沢間の鉄道計画は難航した。勾配を

完成した碓氷川橋梁を行く旅客列車。足場がまだ残されている。写真／国鉄パンフレット『長野電化完成』より

国鉄 EF63形 電気機関車

25‰以下に抑えスイッチバックやループ線で進む案、ケーブルカー方式による案などが提案されていたが、得失功罪が相半ばしていた。例えば勾配を25‰以下に抑えスイッチバックやループ線とする案は、勾配を避けるための蛇行が著しく線路距離が長くなり、工事期間もかかるという欠点があった。

こうした中、欧米視察中の官吏から、ドイツのハルツ山鉄道（1884年開通）が約60‰の勾配をアプト式で運行しているとの報告が届いた。これを得た官鉄は、横川～軽井沢間を66.7‰のアプト式で建設することとし、経路も碓氷新道に近いルートで設計した。距離が11.2kmと短いことと、碓氷新道や碓氷馬車鉄道での資材輸送ができるからである。

1891（明治24）年1月、アプト式関連の資材をドイツに発注、3月から建設工事に入った。そして26のトンネルのある線路（単線）をわずか2年で完成させ、1893（明治26）年4月から営業を開始した。

線路間にラックレールを敷設 アプト式区間の構造

アプト式というのは機関車側に通常の駆動輪以外に歯車状の大動輪を設け、線路中央部には機関車の歯車動輪の歯のピッチと形状に合わせた刻み（ラック）付きの鉄板を敷設、機関車の歯（ピニオン）と地上のラックを噛み合わせて進むという方式である。牽かれる客車や貨車は通常方式で敷設されたレール上を牽かれるだけなので、特殊な仕様は不要である。

ただアプト式鉄道は歯車とラックを噛み合わせるという原理から速度が低速であり、当初往来に75分、最終時点のED42形の時代でも47分を要していた。

アプト式には歯車を噛み合わせることと、その歯車にもブレーキを効かせることで安全に（ゆっく

120

4形式が導入されたアプト式蒸気機関車のうち、イギリスから2両が輸入された3920形。写真／『日本国有鉄道百年史』より

りと) 急坂を降りることができるという特徴もある。従って上り列車 (降坂) でもラックレールを使用し、登坂 (下り列車) とほぼ同じ速度で運行していた。

アプト式の起点は横川ではなく、横川から25‰勾配で1.8km進んだ地点の丸山 (高崎起点31.5km) であった。勾配もここから66.7‰となる。丸山から4.3kmの熊ノ平には列車交換や (蒸気機関車時代の) 給水施設が設置された。この熊ノ平構内はほぼ平坦でラックレールもなかった。

熊ノ平を出ると再びアプト式区間となり66.7‰が続いた。そして熊ノ平から4.3kmの矢ケ崎でアプト式区間は終わり、以降は水平から5‰程度となり矢ケ崎から0.8kmの軽井沢に到着した。

1900 (明治33) 年夏、ラックレールのない横川〜丸山、矢ケ崎〜軽井沢を複線とすることになり工事を実施、この際、丸山と矢ケ崎が信号場となった。熊ノ平は1906 (明治39) 年10月に正式な駅に昇格した。

碓氷峠鉄道文化むらに保存されているラックレールのエントランス部分。先端が円弧状で、切り溝が次第に大きくなっていく。写真／編集部

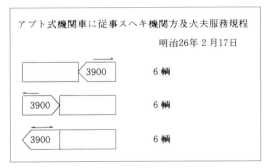

1893 (明治26) 年に指定されたアプト式機関車の連結位置と連結可能両数。蒸気機関車の形式は3900形のみである。
出典／『纜纜114　高鉄運転史』より

横川〜軽井沢間に設けられた熊ノ平信号場は、1906年に熊ノ平駅に昇格した。写真は絵はがきで「碓氷観紅記念」の押印がある。
写真／『日本国有鉄道百年史』より

国鉄 EF63形 電気機関車

アプト式区間を走行する蒸気機関車。運転室後方の炭庫が見えないので3920形と思われる。写真／『日本国有鉄道百年史』より

横川・直江津間貨物列車編成手続及歯車緩急車取扱心得

明治29年5月22日　鉄運乙第715号

歯車緩急車ハ当分ノ内貨物列車ノミニ使用シ横川・軽井沢間ニ限リ

連結スベシ

| 3900 | ピ | | 3900 | | 9輌（除ク「ピ」） |

| 3920 | ピ | ピ | | 3900 | | 10輌（除ク「ピ」） |

歯車車を連結した1896（明治29）年のアプト式機関車の連結位置と連結可能両数。歯車車の連結は貨物列車のみ。横川寄りが3920形で、歯車車を2両連結すると、10両編成が組めた。
出典／『輜輶114　高鉄運転史』より

横川・軽井沢間列車運転ニ関スル心得　別冊　達第105号

明治35年9月26日

旅客列車

| 3900 | | 7輌 |

| 3920 | ピ | | 9輌 |

| 3950/3980 | ピ | | 10輌 |

貨物列車

| 3900 | ピ | | 7輌 (9) |

| 3920 | ピ | ピ | | 9輌 (11) |

| 3950/3980 | ピ | ピ | | 10輌 (13) |

補助機関車を利用したときの客貨列車

| 3900 | ピ | | 3900 | | 11輌 (14) |

| 3920 | ピ | | 3900 | | 12.5輌 (18) |

| 3950/3980 | ピ | ピ | | 3900 | | 13.5輌 (19) |

（　）内の数値は「マユ」のみを連搬する貨物列車の、けん

引定数で13輌以上は総て「ピ」が2輌となる。

アプト式機関車二輌ヲ以テ運転スル横川・軽井沢間旅客列車ハ左記

各項ニヨリ其ノ輌数ヲ特ニ換算十四輌トナスコトヲ得

明治44年10月31日　達第829号

| 3950/3980 | ピ | | 3900 | |

客車ハ総テボギー車デ総自重90噸以内

1902（明治35）年のアプト式機関車の連結位置と連結可能両数。蒸気機関車が4形式となり、旅客、貨物ともに事例が増えている。貨物のカッコの数字は積み荷が繭の場合。牽引定数が13両以上の場合はすべて「ピ」が2両になる。最下段は1911（明治44）年で、旅客列車は換算14両とすることができるようになった。
出典／『輜輶114　高鉄運転史』より

ラックレールに入るところはエントランスといわれ、ラックレールの切り溝が浅→深になるような特殊構造になっており、乗務員は最徐行で慎重に歯車を嚙ませた。万が一嚙まないで走ると脱線や退行、また歯車やラックの欠損といった怖れがあったためである。

アプト区間で使用された特殊な蒸気機関車

アプト式時代に使用された蒸気機関車は、開業時には4両だったが、最終的には4形式25両が足跡を残した。詳細は別記事に譲るが、すべて動輪3軸（C形、ラック用歯車輪を除く）で車体側面に大きな水槽を持つタンク式機関車であった。

横川〜軽井沢間では煤煙防止と機関助士労務軽減の観点から1900（明治33）年頃から原油（重油）を燃料に併用することになった。特に後述のように編成中間に機関車が入るようになると、中間補機は必ず重油炊きで機関助士1人で操作、横川方端部の本務機や補機は石炭炊きの場合は機関助士2人で

作業をした。碓氷峠が明治時代から重油併燃だったというのはあまり知られていないが、実は後述のように国産原油の輸送ルート上であり、重油入手は容易であった。

国鉄 EF63形 電気機関車

横川〜軽井沢間の電化に伴い開設された横川火力発電所。左奥に10000形電気機関車が連結された列車が見える。写真／『日本国有鉄道百年史』より

其の2 アプト式電化される

75分かけて峠を越える蒸気機関車の苦闘

基本的に蒸気機関車は逆向き（煙突が後ろ）で連結された。また開業当初は下り（登坂）列車の機関車が軽井沢方（最前部）へ連結されていたこともあったようだが、まもなく上下列車を問わず横川方に本務機関車を連結することが徹底された。これは電化、さらにはアプト式廃止後のEF63形の時代まで、この区間の本務機位置となった。低い方から押し上げる（下り列車〈登坂〉）、あるいは踏ん張る（上り列車〈降坂〉）方が安全だからである。

蒸気機関車の75分運転は乗客も乗務員も難行、中でも乗務員は最悪の環境であった。当時20のトンネルで横川方に巨大な遮断幕があった。下り列車（登坂）がトンネルに入ると地上係員が幕を閉め、トンネル内での負圧に起因する煙の回り込みを弱めるためである。遮断幕は他の線区でも例があるが、これだけ多数あったのは碓氷峠だけ、この操作は1921（大正10）年5月の完全電化直前まで続いた。

アプト式機関車をフォローする歯車車の登場

当時、機関車から編成全車にブレーキをかけるシステム（原始的な真空ブレーキや、現在も使用されている空気ブレーキ等）は普及率が低く、特に貨車では低かった。従って当初は碓氷峠でも、ブレーキ力は機関車と、汽笛合図などを受けて車掌が操作する最後尾の手ブレーキ付車両（緩急車）の2車だけに依存していた。

しかし碓氷峠では1896（明治29）年6月から歯車車が登場した。これは車輪のほか装備した歯車輪にもブレーキ装置が付いている車両であり、原則として横川方端部の機関車の隣（軽井沢方）へ連結された。これも碓氷峠だけの名物車両であった。歯車車の乗務員は機関助士から選ばれており、前述のように機関車の石炭2人焚きも行っていたことから、横川の機関助士配置は多かった。

横川〜軽井沢間は国鉄初の電気機関車であった。写真は山口東部鉄道管理局長が機関車試運転の視察に来た様子。写真／『日本国有鉄道百年史』より

　機関車はこれまで単機だったが、歯車車の連結により列車編成長を延ばし補機も連結することになった。補機は当時の連結器強度などから編成の途中に差し込むことになった。従って歯車車がある時代の写真や映像では、上下列車とも軽井沢方端部には機関車がなく、横川方端部と編成中間部に機関車連結された光景が見られる。

　ただ、歯車車導入後も大事故は発生した。もっとも著名なものは1901（明治34）年7月、下り（登坂）列車が機関車故障で逆行した事故だ。実は2kmほど退行の後で列車は停車したのだが、逆行中に日本鉄道の副社長とその息子が飛び降りを企て失敗し、死亡したのである。大鉄道の幹部の飛び降り死亡というという衝撃的な内容は、碓氷峠の急勾配を知る「プロ」であるが故の悲劇といえよう。

　電化後の1918（大正7）年にも電気機関車が故障し貨物列車が逆行、このときは3km下って熊ノ平駅で脱線転覆、乗務員や駅員に死傷者が出た。

石油輸送を短絡化した
横軽パイプライン

　碓氷峠の輸送量は年々増加、早くも貨物繁忙期

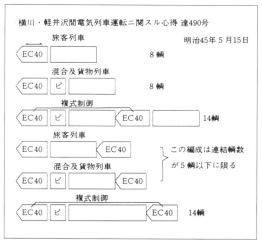

1912（明治45）年のアプト式機関車の連結位置と連結可能両数。牽引機が電気機関車のEC40形（10000形）に変更されている。歯車車の連結は貨物列車もしくは混合列車に限られ、旅客列車は不要だった。出典／『輜轍114　高鉄運転史』より

の横川と軽井沢での貨車滞留が始まった。こうした中、新潟（柏崎、新津等）で産し、東京・横浜に送られる国産原油の滞留が問題となった。そこで1906（明治39）年5月、軽井沢に送油用貯油タンク、横川に受取用貯油タンクを設け、線路沿いに鉄パイ

10000形電気機関車牽引の貨物列車。奥にも編成途中の10000形が見える。左下の編成資料を見ると、9両以上は編成途中にも電気機関車を組み入れて複式制御する規定になっていて、先頭の機関車の次位は歯車車のようだ。写真／『日本国有鉄道百年史』より

プを設けて原油を流すことにした。石油タンク車は軽井沢までと横川以遠で使用としたのである。

1914（大正3）年11月に岩越線（現在の磐越西線）が全通したため、パイプラインは前月の10月で使用を停止したが、約8年間、ここに国鉄運営の石油パイプラインが存在していた。

日本一の難所を改善する 電気機関車の導入

過酷な運転状況を解決する抜本策として1910（明治43）年4月に電化工事が始まった。電車はすでに存在したが、電気機関車はトンネル工事や鉱山などで用いられるだけで、営業鉄道では私鉄を含め使用皆無という時代の決断であった。

電力会社の送電線網もない時代だから、電気設備は全部自前で整える必要があり、火力発電所を横川、変電所を丸山と矢ケ崎に設け、直流650Vを給電した。集電方法は後の地下鉄のような第三軌条とした。これはトンネルの高さが低く、架線を張れないとされたからである。駅構内だけは構内作業員感電防止のため架線集電にされたので、機関車には屋根上の集電装置と側面の集電装置（集電靴）

を併設した。

1912（明治45）年5月から電気機関車の運転を開始したが、当初は蒸気機関車も併用し、1921（大正10）年5月から全面的に電気機関車運転となった。その後、大正初期の変電所機器増強時に東京地区の電車運転用の回転変流器（交流から直流への変流を行う機器）を転用、この際に電圧は650Vから初期の東京地区電車運転電圧と同じ600Vとなった。ただし第三軌条区間があるため、国鉄直流電化標準の1500Vになることはアプト式の最後までなかった。

また当初、当地での交流の発電・送電は東京の初期の電車線電化や東京市電で一時期使用された周波数25Hzで行われていたが、昭和の初めまでに関東の標準である50Hzになっている。

なお電力会社の送電線網が発達し、安価な電力購入が可能になったため、横川発電所は1929（昭和4）年1月で運転を終了した。

特殊な構造を持つ アプト式電気機関車たち

アプト式電気機関車は、蒸気機関車と同じく4形

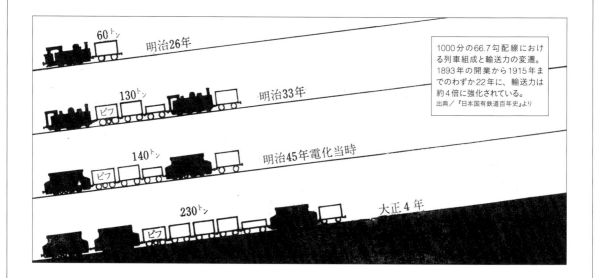

図中ラベル：
- 60トン　明治26年
- 130トン　明治33年
- 140トン　明治45年電化当時
- 230トン　大正4年

式が存在した。ただし電気機関車時代は約50年間あり、輸送量も多かった時代であるため、総両数は56両と、蒸気機関車（計25両）の倍以上である。詳細な解説は蒸気機関車どもども別記事に譲るが、技術的系譜を見ると動輪用電動機と歯車輪用電動機を1つずつ備え、動輪は蒸気機関車のようにロッドで連結して駆動するEC40形とED40形、そしてその後の動輪用電動機2つと歯車輪用電動機を1つ備え、動輪は2つの台車ごとに主電動機からスコッチヨークで駆動するED41形とED42形の2つに大別でき、各グループごとに海外輸入→国産化という過程をたどっている。

国鉄初の電気機関車EC40形は登場時点では両運転台かつ軽井沢側ボンネットに長いコード（電線）が収納されており、コードを客貨車経由で引き通し編成中間に連結された補機を総括制御するという面白い機構を有していた。ただ不調が多く、1915（大正4）年10月で総括制御は取りやめられ、また軽井沢方の運転台も中の機器が撤去された。

以降のED40形、ED41形、ED42形はすべて横川方にのみ運転台がある片運転台で製造された。ED41形やED42形は、一見軽井沢方にも運転台があるように見えるが、これは監視用で運転機器はなかった。またED42形は重連総括制御が可能であった。

EC40形とED40形の初期の写真を見ると、横川方の屋根に角のような棒があるが（現在、軽井沢に保存のEC40形〈10000形〉も復元）、これはストラ

イカーアームというもので、アプト式区間を抜けた際にまだ歯車輪に通電が続いていると、歯車が急激に回転し機器を傷める恐れがあるため、ラックがなくなる地点の電柱にストライカーという突起物を付け、機関車のアームが当たると歯車回路が切れるようにした原始的安全装置であった。ED41形からは機器構造の違いで必要はなくなり、在来機も撤去された。

空気ブレーキの普及で歯車車を廃止

1921（大正10）年5月から全面的に電気機関車運転となる。この完全電機化以降は横川方端部の電気機関車は2両以上になることが増え、1925（大正14）年3月以降は編成中間の機関車も2両になることが増えていった。

この間、客車、貨車への空気ブレーキ装置設置は、特に日本鉄道史上の画期である自動連結器への全面一斉交換（1925年7月）以降急速に進み、1930（昭和5）年10月から全国で自動ブレーキ使用前提の列車ダイヤに移行する。

そこで碓氷峠でも1931（昭和6）年10月から
❶ 歯車車連結廃止
❷ 機関車連結位置は横川方端部または軽井沢方端部とする
が実施された。これにより手間のかかった歯車車

電化直後の横川駅構内。架線はなく第三軌条集電になっている。
写真／『日本国有鉄道百年史』より

国鉄 EF63形 電気機関車

こちらは電化後の軽井沢駅構内。左は軽井沢機関庫。
写真／『日本国有鉄道百年史』より

途中の熊ノ平駅は第三軌条だがラックレールはなかった。国産初の電気機関車、10020形（ED40形）と10000形の重連に歯車車、客車4両が連結される。所蔵／辻阪昭浩

碓氷峠平の熊車停車場

127

1931年以降は横川寄りに3両を連結するようになった。3両のED42形が客車列車を押し上げる。1960年3月27日　写真／辻阪昭浩

国鉄EF63形電気機関車

の連結や編成中間部への機関車連結の作業がなくなったが、前後の区間と全く違ったアプト式機関車を使用するため、機関車総取っ替えの作業があることは変わらなかった。

75分から40分に大幅短縮した
アプト式電機の活躍

　電化による速度向上と熊ノ平での機関車給水省略により、横川〜軽井沢間は40分台となり、煤煙の苦しみもなくなり連結両数も増えた。1929（昭和

4）年8月から1列車あたり機関車4両使用が恒常化する。1931（昭和6）年10月より歯車車連結を廃止し、機関車位置を列車前後（4両使用の場合軽井沢方1両、横川方3両）としたが、EC40形やED40形のような出力の低い機関車が揃う場合は軽井沢方を2両とした機関車5両使用もあった。

　1931年9月の上越線開通で一時的に列車が減ったが、まもなく戦時となり再び増加した。1934（昭和9）年からED42形の製作が開始され増備が進むと、EC40形は1936（昭和11）年4月に全機引退、また1942（昭和17）年からED42形のみで組成する場

横川・軽井沢間列車運転ニ関スル心得　大正10年6月21日達第502号

EC40/ED40	ビ		8輌
EC40/ED40	EC40/ED40	ビ	14輌〜15輌
EC40/ED40	EC40/ED40	ビ ... EC40/ED40	23輌

横川・軽井沢間列車運転ニ関スル心得　大正14年3月10日
達第136号

EC40/ED40	ビ		8輌
EC40/ED40	EC40/ED40	ビ ... EC40/ED40	23輌
EC40/ED40	EC40/ED40	ビ ... EC40/ED40 EC40/ED40	30輌
EC40/ED40	EC40/ED40	ビ	14輌

上3段は1921（大正10）年、下4段は1925（大正14）年のアプト式機関車の連結位置と連結可能両数。EC40形とED40形で編成の違いはなく、共通運用されていたようだ。1925年には最大30両にまで増強された。出典／『鯉輣114　高鉄運転史』より

横川・軽井沢間列車運転ニ関スル心得　昭和6年10月5日　達第764号

EC40/ED40-41	EC40/ED40				14輌〜15輌
EC40/ED40-41	EC40/ED40	EC40/ED40			23輌〜26輌
ED40/ED41	EC40/ED40	EC40/ED40-41		EC40/ED40	30輌〜35輌
ED40/ED41	EC40/ED40	EC40/ED40	局指定ニヨル	EC40/ED40 EC40/ED40	32輌〜35輌

昭和8年から昭和22年の間にED42形が28輌製造され旧形機（EC40、ED40、ED41形）は順次廃車となり、ED42形の4輌編成となる（昭和38年9月30日アプト式廃止まで）。

ED42	ED42	ED42	客貨36輌	ED42

注　けん引定数中〜は機関車の編成相違による。

上4段は1931（昭和6）年のアプト式機関車の連結位置と連結可能両数。ED41形が加わり、最も横川寄りの連結が指定されている。両数の増加はめざましい。下段は1951年にED42形に統一された後の編成。アプト式廃止まで、この運行形態が続いた。出典／『鯉輣114　高鉄運転史』より

碓氷峠を登坂する貨物列車。写真は軽井沢側からの撮影で、運転は横川方で行うので、機関士が乗っていないように見える。横川付近　1963年6月2日

合は4両使用で360トンまで牽引可能とされ、この
トン数がアプト式廃止まで継続された。

　戦後になるとED40形やED41形も老朽化し、
1952（昭和27）年までにこの2形式は引退。以後、ア
プト式廃止までED42形の28両だけで碓氷峠をま
かなうことになる。

　なお、ED42形は戦後、電力不足解消のため回生
ブレーキを設置し、最終時点まで使用している。

冬の客車列車を支えた
暖房車のあった時代

　鉄道開業から明治30年代まで客車内には冷房は
無論、暖房もなく、一部の優等車両に湯たんぽの
サービスがある程度だった。しかし明治30年代以
降、東海道線を皮切りに蒸気機関車からの蒸気供
給による蒸気暖房システムが普及し始めた。

　だが、創生期の電気機関車には暖房熱源の搭載
がなかったため、碓氷峠には暖房がないことになっ
た。そこで電気機関車だけの運行になる1921（大正
10）年以降、1923（大正12）年までに歯車車全15両
中7両の車内に蒸気ボイラー缶を搭載、客車に蒸気
を供給することになった。いわば「暖房車の創始」
であるが、当時は特に形式区分も番号区分もされ
なかった。

　1931（昭和6）年10月、歯車車連結廃止となる
際、蒸気缶のあった7両は歯車構造を外して残さ
れ、暖房車に形式変更された（1926年に東海道本線
電機運転開始で、同線に本格的な暖房車が新製さ
れ、暖房車記号「ヌ」が制定されていた）。歯車車か
ら形式変更となった暖房車（廃止時点でヌ600形）7
両のうち6両は1958（昭和33）年まで使用され老朽
廃車となった。

　代替に北海道から小型暖房車ヌ100形が6両が
転属し（転属時に横軽向けの小改造を行いヌ200形
と改称）、1963（昭和38）年のアプト式廃止（暖房が
EF62形の電気暖房装置に切り替わる）まで、冬期
活躍していた。

其の3　アプト式廃止へ

急行形なのに特急形並みの台車
空気バネを履いた気動車

　通過が客貨車だけだった碓氷峠に、1961（昭和
36）年7月からキハ57系急行形気動車、10月から
キハ82系特急形気動車の通過が開始された。いず

れも空気バネ・ディスクブレーキというハイ・スペックな仕様であった。

　これは、床下艤装が厳しい気動車において汎用されているコイルバネのDT22系台車では、枕木方向に台車内を横断するブレーキ梁が、多客や振動

で車体が沈下した場合にラックレールに引っかかることが、前年の1960（昭和35）年の入線試験で判明していたからであった。そこで、床面地上高を一定に保つため空気バネとし、ブレーキ梁のないディスクブレーキとしたのである。特急形はともか

国鉄 EF63形 電気機関車

く、キハ57系の空気バネは碓氷峠用気動車として　が出ていたが、1962（昭和37）年7月頃から客車列
の特殊装備であった。　車や貨物列車と同じように軽井沢方1両、横川方3
　気動車も碓氷峠通過時の動力はED42形に全面
依存した。なお当初、気動車列車ではED42形を横
川方に4両連結とされ軽井沢方端部に気動車の頭

碓氷峠用気動車のキハ57形を押し上げるED42形。奥の
軽井沢側先頭にもED42形が1両連結されているのがうっす
ら見える。横川駅　1963年6月2日　写真／辻阪昭浩

国鉄 EF63形 電気機関車

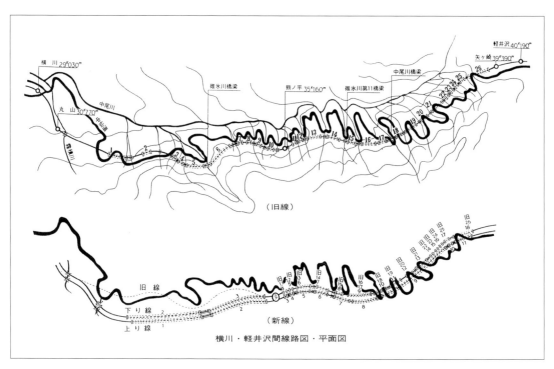

横川・軽井沢間線路図・平面図。左が横川、右が軽井沢。上段が旧線で黒い太線は中仙道。下段が新線で、太線は中仙道、破線は旧線。特に横川～熊ノ平間が大きくルート変更されたのが分かる。出典／『鯉鱒114　高鉄運転史』より

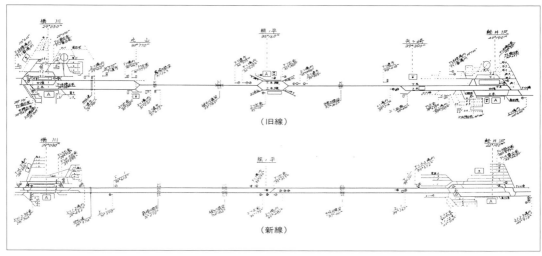

横川・軽井沢間線路図。上段の旧線は基本的に単線だったが、新線では全区間が複線になったのが分かる。出典／『鯉鱒114　高鉄運転史』より

両の連結に改めた。

　床下がひっかかるという問題は客車でも起きていた。矢ケ崎信号場付近に66.7‰が急に平坦になる場所があり、激しい勾配変化がいわば縦の急カーブとなっていた。ここにバネが沈んだ超満員の客車が通ると、まるで盛り上がった踏切でシャコタンのクルマが床を擦るように、床下機器がラックレールを摺る事象が発生したのである。そこで勾配変化を緩やかにするため、1955（昭和30）年12月に矢ケ崎付近の路盤切り下げが行われた。

　この縦カーブ（勾配急変箇所）問題は、後述のようにその後も思わぬ影響を及ぼした。

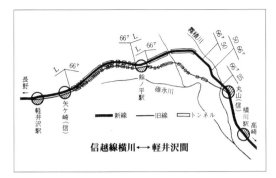

別の路線図。具体的には丸山信号場から熊ノ平駅までは離れたルートとなった。熊ノ平〜軽井沢間は旧線に沿っている。
出典／国鉄パンフレット『長野電化完成』より

明治時代の議論が再勃発
アプト式廃止時の路線論争

　高度成長期に入ると信越山線でも全線電化と長野までの複線化が計画され、アプト式区間の去就が焦点となった。アプト式区間は国鉄唯一の特殊区間でメンテナンスが大変、そして施設の老朽化が進んでいた。さらに連結両数と速度に制限があるため、輸送状況も事実上パンクしていた。

　この中には熊ノ平でのすれ違い有効交換長の問題もあった。地形の厳しい熊ノ平では交換退避線に行き止まりトンネルを掘り、長い列車の交換はここに列車の頭や尻を突っ込ませて何とかしのいでいたが、もう長さは限界であった。

　そのため、「アプト式はやめよう」という認識は関係者の誰もが同意していた。では実際にアプト式をやめ複線化する方法は？　明治時代の論議がもう一度繰り返されることとなった。

アプト在来線に
腹付け線増で決定

　アプト式に代わる路線では、以下の2案が検討された。
案①
　現行ルートの南側に、ループ線や長大トンネルなどで勾配を25‰以下とした複線新線を建設する。路線長は大きく延びるが、完成後は電車や気動車、軽量の機関車列車は前後区間と通しでそのまま登坂可能。重量機関車列車のみが区間補機を要する。

案②
　現行ルートとほぼ同じ区間に複線を建設する。この場合はアプト式ではないにもかかわらず66.7‰勾配が残存するため、急勾配に特化した新機関車の開発が大前提。また電車や気動車でも自車のみでの運転は不可能と思われ、専用機関車の連結を要する。

　上記案を比較すると、

案① は区間距離が2倍近く伸びるが運行維持管理経費は低廉、また20分以内で走行可能。多くの列車で機関車連結・解放のための停車や手間が不要となり機関車や要員も大幅に削減可能。ただし、建設費用は路線長に比例するため高額。また全線で用地買収が必要で、費用と期間が不確定である。

案② の場合は、横川〜軽井沢間通過に全列車、(アプト式ではないにしろ) 専用の機関車が必要であり、この区間独特の施設、要員、機関車といった運行経費が継続する。また66.7‰勾配を登り降りすることから、アプト式（20km/h以下）ほど極端ではないものの、一般路線より低速運転となる。

　しかし、案②の手法であれば

❶ 既存線の腹付け線増であるため、用地買収が1線分で済む。既存線の周囲に存在する未利用の国鉄用地などを活用すれば、さらに買収の面積と費用が削減できる。
❷ 既存線や平行道路を資材運搬に活用できる。
❸ 1線分を買収し、そこに非アプト新線をまず開業、その後アプト式の旧線の運転をやめ非アプト・架線集電の線路に改修するという工程とすれば、工事を継続かつ平準化した作業量で実施できる（注：実際には旧丸山信号場から熊ノ平までは旧線と離れた複線の新線を建設しているが、旧線とそう離れているわけではない）。
❹ 機関車開発が焦点だが、土木工事については5年もあれば可能。

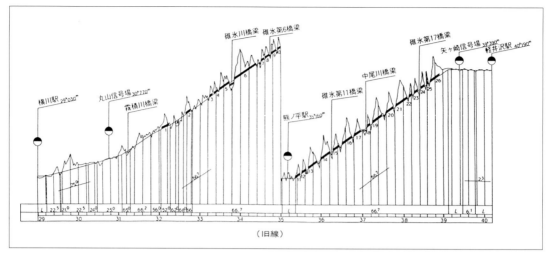

旧線の横川・軽井沢間線路縦断面図。非常に高くなるので、途中の熊ノ平駅で表記が下げられている。出典／『轍轍114　高鉄運転史』より

新線の横川・軽井沢間線路縦断面図。上り・下りでやや離れた複線になるので、図も別になる。
熊ノ平までは下り（登坂）のほうが勾配が緩やかである。出典／『轍轍114　高鉄運転史』より

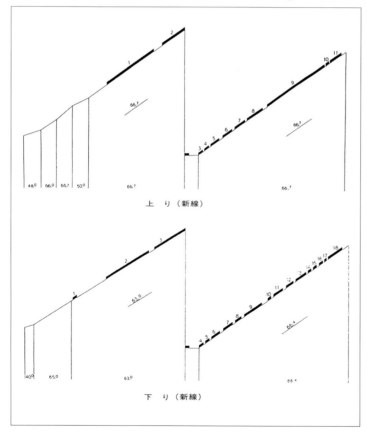

上　り（新線）

下　り（新線）

後世から見ればこの判断は微妙である。ここで時間と金を掛けても勾配を25‰に抑えた新線を造っていれば、1997（平成9）年まで続いた横川や軽井沢のあの風物詩（それは、時間だけでなく人件費と運行経費を意味する）は不要だったし、また運行（経営）主体がどうなるかの議論は別にしても、横川〜軽井沢間が今も残っていたのではないかと考えられるからだ。ただ、正解が断言できるものでもないであろう。

新線による輸送成否の焦点は新型機関車

　箱根登山鉄道には80‰勾配があり、都電の飛鳥山〜王子駅前間も碓氷峠と同じ66.7‰である。ただこれらは電車である。機関車が客車や貨車を牽くスタイルで66.7‰の運行が可能なのか。開業時は、それができないということでアプト式となったはずだ。
　下り（登坂）列車が急勾配で急停車したら、再発

　かくして②案を採用することが、1959（昭和34）年8月の国鉄理事会（民間企業の役員会に相当）で決定された。

EF63形重連にEF62形を加えた三重連で暖房車を牽引し、トンネルに突き進む新線の試運転列車。EF62形は客車側のパンタグラフを上げていない。
1963年6月2日　写真／辻阪昭浩

進はできるのか？　上り（降坂）列車は緊急時に規定距離内で急停車できるのか？　さらに急勾配で停車した列車がずっと安全に停止を状態維持できるのか？　国鉄最急勾配の中で、あらゆるシチュエーションでの安全が確保される機関車でなければならない。

　検討時にできないといえば、②の案は採用されなかったはずだ。だが、車両技術陣は腹付け案を認めた。彼らが「できるｓ」と考えた理由は、1950年代後半から軸重補償、空転再粘着、台車の仮想重心設定といった、新しい電気機関車技術が急速に登場したからであった。

　かくして信越山線の電化では横川〜軽井沢間専用機関車としてEF63形、また全線を走行する勾配用機関車としてEF62形が設計されることになった。当初計画では横川〜軽井沢間では同区間専用機関車のEF63形を横川方に1両または2両連結し、ED42形時代の360トン輸送を、貨物列車では500トン、旅客列車は400トンとする見込みであった。

　1961（昭和36）年1月から土木工事が着工され、機関車の設計が始まった。なお、当初はED42形同様に碓氷峠区間では回生ブレーキが計画されたために、1500V架線集電用に全面更新される地上電気設備では、あえて交流から直流の変換に旧式だが回生ブレーキに適した回転変流器が装備された。

其の4　土壇場危機一髪だった新線運転

粘着運転の試験開始と横川までの電化完成

　1962（昭和37）年5月、製作を急いだEF63形の1号機が完成した。6月に粘着式新線が丸山信号場から1.7kmほどの区間で完成したから、早速ここを1500V架線集電の実験線として試験を始めた。

　なお1962年7月に高崎〜横川間の1500V電化が完成、高崎方から横川まで80系電車や旧型国電、電気機関車が入るようになった。横川駅構内は前述のように600Vで架線電化されていたが、横川駅の高崎方に電圧セクションを設けて対処した。この時代の電気車はある意味単純な構造であり、1500V仕様の車両でもごく短時間なら600Vで走ることができた（いわゆる新性能車両では架線からの入力電圧が低いと精密機器維持の安全装置が働くためこういうことはできない）。

　この年の夏臨で季節準急「軽井沢」が80系電車

EF62形1号機を先頭に、碓氷峠を駆け抜けてきた601レ急行「白山」。上り勾配最後のトンネルで、抜けるとすぐに軽井沢駅に到着する。
右に66.7‰の勾配標識が見える。1964年4月26日　写真／辻阪昭浩

を使用して上野から軽井沢まで設定されたが、アプト式区間には入ることができず、横川〜軽井沢間はバスで往来した。それでも電車で軽井沢に行けると別荘族には好評の列車となった。

開業直前の試験で
予期せぬ問題が続発

実は1963（昭和38）年のアプト式の廃止はまさに綱わたりであった。以下に当時の状況を記しておきたい。

1963年に入ると、夏に新線開通といわれるようになった。5月にはいよいよ客車、貨車、電車をフル編成にして行う試験が新線で開始される。ところがここで問題が続発した。

まず、上り勾配で機関車が急制動をかけたところ、後続の貨車の連結器が壊れてしまった。急制動時には、連結器が押し潰される可能性が高いことが判明したのである。

次に165系電車を連結し、下り勾配の急カーブで機関車に急制動を掛けたところ、電車が脱線、試験中の係員が連結部に挟まれ負傷する大事故が起きた。分析すると、急カーブの急勾配や縦カーブ（勾配急変箇所）で急ブレーキをかけた場合、編成がぐじゅぐじゅになり脱線するという「座屈」現象が発生することが判明した。牽かれる車両側にも工夫をしなければ安全運行ができないことも明らかになった。

そこで急遽、まず旅客車について以下のような対策を行うことが決定されたのである。

1：連結器の強化
2：車掌弁（非常ブレーキ弁）の動作改造（一気にブレーキがかかると座屈の原因となるため）
3：台枠の補強（電車）
4：台車の横揺れや上下動を抑える装置の設置
5：台車の揺れを最小限にするため電車の碓氷峠での空気バネの空気抜き実施（気動車は台車構造と連結器構造から実施せず）

なお、工事の順序としては80系電車を先行して実施、その後電化の目玉となる165系、続いて気動車や客車という順序で10月までに完成させることとなった。この結果、夏の粘着式運転開始は、80系電車のみでスタートすることになった。すでに

左の601レ急行「白山」の最後尾に連結された後部第1補機と本務機の
EF63形。写真手前のマニ60形などに使用されるTR11台車も、横軽
対策として緩衝ゴムの取付改造が行われた。1964年4月26日
写真／辻阪昭浩

165系も登場していたが、当初、横川～丸山信号場
間や矢ケ崎信号場～軽井沢間の架線電圧が暫定的
に第三軌条と同じ600Vで給電されたこともあり、
80系が先行して使われることになったのである。

　なお電車と客車では、対策済車両には識別のた
め側面の番号標記の前に直径40mmの丸印（通称G
マーク。Gはgradient〈勾配〉の頭文字）を標記する
ことになった。

3カ月間併存した
アプトと粘着運転

　1963（昭和38）年6月には軽井沢～長野間の電化
が完成した。同年7月15日の粘着式運転開始は80
系準急「軽井沢」のみで開始されたが、公約だっ
た夏の上野～長野間直通電車運転、碓氷峠の粘着
式運転開始はかろうじて達成された。しかし、多く
の列車はアプト式の在来線を使用し、9月までは旧
のアプト式、新の粘着式それぞれが運転される単
線並列の変則複線とされ、この間、徐々に新線に列
車の移行が行われた。

　アプト式での運転は9月29日（30日の未明）まで
で終了し、9月30日から全面的に新線に移行、10

1963年7月15日から9月29日までは新線（右）と旧線（左）が共用された。
出典／国鉄パンフレット『長野電化完成』より

月1日がダイヤ改正日で、ここから165系が碓氷峠
の運行を開始した。以後、粘着式新線のみの単線運
行が1966（昭和41）年7月まで行われ、この間にア
プト式旧線の改良工事（一部は隣接土地への新設）
が進められた。

　1966年1月末限りで熊ノ平は信号場に格下げ、そ
して7月に横川～軽井沢間の複線化が完成した（正

EF63形の補機で碓氷峠を下る181系特急「あさま」。181系は協調運転ができないので、編成両数が8両に限られる。1974年5月4日　写真／辻阪昭浩

確には丸山信号場〜矢ケ崎信号場間の複線化と丸山、矢ケ崎信号場の廃止）。ただ、8月に長野〜直江津間の電化が完成することなどから、全面ダイヤ改正は2つの成果を合わせて10月実施とされ、ここで181系電車特急「あさま」が登場した。

輸送量に制限が残った
横川〜軽井沢間

横川〜軽井沢間の所要時分は下り（登坂）17〜18分、上り（降坂）23〜24分と大幅に短縮されたが、通過ルールに関しては結局以下のようになり、列車トン数（アプト式末期360トン）の飛躍的拡大は見送りになった。また補機EF63形の連結は車種・両数を問わず2両とした。この結果、たとえば客車列車では下り（登坂）列車では軽井沢方からEF62形＋客車＋EF63形＋EF63形、上り（降坂）列車では横川方からEF63形＋EF63形＋EF62形＋客車となる。電車や気動車列車では上下問わず横川方にEF63形を2両連結とした。

素人考えでは補機のEF63形の連結両数を3両4両と増やし、トン数を増せばと思う。しかしこれは急停止などの際に連結器破損や座屈といった事故が起こりかねないため無理であった。

碓氷峠の本務機は上下問わず横川方最端部のEF63形であり、下り列車の場合、客車列車や貨物列車では先頭のEF62形は最後部のEF63形の機関士の無線での指示で進段。電車・気動車列車では動力はすべて後部EF63形からの推進とし、電車・気動車最前部（軽井沢方）の乗務員は電車協調運転時（後述）を含め前方監視のみが基本であった。なおEF62形とEF63形は3重連までは総括制御可能である。

① 客車列車……360トンまで、両数は10両までとしたが、軽量客車の場合11両まで可とした。
② 電車列車（協調運転は後述）……旧型電車（80系が該当）は7両。165系・181系・115系など新性能電車は8両（185系は7両）。なお空気バネ車両では、横川〜軽井沢間では空気バネの空気を抜くため、ゴツゴツとした独特の乗り心地が生まれた。
③ 気動車列車……7両。なお1966（昭和41）年10月改正で、キハ57系の気動車急行の設定がなくなった。特急形気動車の碓氷峠越えも1969（昭

龍駒山から俯瞰した横川駅構内。ホームには181系が2本停車し、奥の編成はEF63形を連結する。右側の構内には貨車が留置されている。
1974年5月4日　写真／辻阪昭浩

和44)年10月改正での「はくたか」廃止でなく
なった。

④ 貨物列車……400トンまで。貨車は全国を回り
両数も極めて多いことから、当初特段の対応を
しないまま400トンをMaxとした。

ところが1963(昭和38)年10月の粘着運転本格
開始直後、縦カーブで脱線事故があり、調査の結果、
下り(登坂)列車編成前方のEF62形＋貨車編成が平
坦(レベル)に移った際、なおも坂にいる後部EF63
形が押し続けると、勾配が急変する縦カーブ部で連
結器を突き上げるような力のベクトルが生じ、貨車
が浮き上がり脱線するという現象が判明した。

これを防ぐため、あえて一段リンクのヨ3500形
車掌車を起用、これを必ず機関車次位に入れ、機関
車の急激な力の変動を和らげることにした(この結
果、この区間の貨物列車は必ず編成前後にヨ3500
形が連結された)。

旧式の一段リンクのヨ3500形は1968(昭和43)
年10月全国ダイヤ改正後は四国、北海道と、ここ横
川〜軽井沢間のみで稼働する車両となったが、当

地の運用車は他区間に流れ出ないよう、目印にデッ
キ四隅の柱が白く塗られた。

其の5 協調運転開始から貨物廃止まで

編成は8両まで……供給不足の編成からの脱却

新線が開業したものの、信越山線の電車特急・急
行は8両に制限されてしまった。当時の電車特急・
急行といえば11両以上が一般的だったから、これ
には不満も高かった。また特急「あさま」では両数
制限から食堂車の連結が見送られるなど、サービ
ス上の問題もあった。

こうした状況を改善するため、電車の協調運転
技術が浮上した。1967(昭和42)年に協調機能を試
作搭載した165系の900番代が新造され、現地試
験も成功したため、翌68年10月の全国ダイヤ改正
の目玉として、協調運転で12両編成(520トン)の
運転が可能な碓氷峠用新形式、169系急行形電車

国鉄末期になるとジョイフルトレインが多数登場し、人気観光地の軽井沢に向けてさまざまな列車が運転された。
写真は165系「パノラマエクスプレスアルプス」を押し上げるEF63形。同列車の前面展望室から、碓氷峠はどう見えただろうか。写真／長谷川智紀

が投入された。

　仮に12両編成を通そうとした場合、4両程度分の推進力を電車自らが出せば最適ということが実験でわかっていた。しかし、それ以上の力を出すと、例によって碓氷峠独特の脱線や連結器破損事故を起こす可能性があるのであった。

　従って169系電車では編成内に4両分程度の電動機出力（2ノッチ相当）を出す制御回路を新設、これを横川方のEF63形から制御することになり、引き通し回路と車端ジャンパ栓を設けた。

　その後、協調運転用の電車として特急用の489系（1971年新製、1972年から横軽で使用開始）、189系（1975年から）も登場し、優等列車の座席確保が一気に楽になった。また169系ではビュフェ、489系では食堂車が連結されて喜ばれた。ただし189系ではすでに食堂車削減の時代になっていたため、食堂車は製造されなかった。

今なお原因解明されていない
唯一の大事故

　粘着式運転の開始後、唯一の大事故になったのが回送4重連機関車の転落事故である。1975（昭和50）年10月に軽井沢から横川に向かった上り

（降坂）回送4重連（横川方からEF63 5＋EF63 9＋EF62 12＋EF62 35）が、ブレーキが効かなくなり転落したものだ。乗務員は重傷、機関車はすべて廃車となった。

　この事故は原因解明されていない部分があり詳細をコメントできないが、EF63形に関しては急遽24・25号機の2両を追加製造することになった（EF62形は代替製造されていない）。

国鉄分割民営化を前に
貨物列車の廃止

　1984（昭和59）年2月ダイヤ改正は貨物列車大削減、操車場全廃といった大ナタが振るわれ、日本の鉄道貨物輸送史上、最大の削減となった。

　この際、碓氷峠を行く貨物列車も全廃となった。首都圏—日本海側間の貨物列車は上越線経由のみで十分とされたのだった。小諸や田中での貨物扱いは残ったが、篠ノ井から南下する迂回ルートで済ませた。2022（令和4）年現在の高崎〜篠ノ井間では、安中と坂城（しなの鉄道）が貨物取扱駅である。

　貨物列車廃止でヨ3500形がお役御免となったほか、EF63形では余剰気味だった1・14号機の2両が休車（1986年廃車）となった。またEF62形は貨

貨物列車の廃止後は、EF62形の牽引列車は旅客列車のみとなった。急行「能登」は当時、碓氷峠を越える唯一の客車による定期列車だった。横川
写真／長谷川智紀

物削減で大量の余剰車を出し、26両が東海道・山陽筋の荷物列車牽引（EF58・61形置き換え）のため下関運転所に転出する大移動となった。

其の6　碓氷の鉄路廃止

国鉄分割民営化でJR東日本へ
横川で台検まで担う

　1986（昭和61）年11月に行われた国鉄最後のダイヤ改正時点では、特急「あさま」は17往復、「白山」が2往復、これに夜行急行「能登」「妙高」各1往復と、碓氷峠を行く優等列車が21往復もあり、華やかな特急街道であった。

　1987（昭和62）年4月の国鉄分割民営化では、横川機関区は横川運転区と改称され、21両のEF63形と共にJR東日本所属となる。貨物列車が全廃になっていたから、EF63形しかいない横川区が旅客会社の所属になるのは必然であった。なお、従来大規模検査を委託していた高崎第二機関区がJR貨物高崎機関区になったため、台車検査までを横川

で行うことになり、必要な設備が備えられた。

新幹線の議論が再沸
碓氷峠の鉄路廃止決まる

　全国新幹線網計画は、1982（昭和57）年の臨時行革委員会答申に基づき凍結されていた。しかし国鉄が民営化されたことで、新幹線計画が政治的にも、またJR内部でも復活することになった。しかしそれは、今日まで続く並行在来線問題を発生させることとなった。

　1987（昭和62）年12月、JR東日本は、軽井沢まで新幹線が延伸される場合は、信越本線は高崎〜横川間のみを残し、横川〜軽井沢間は廃止したいという意向を表明した。横川〜軽井沢間を通過するローカル旅客は1日200人程度しかおらず、新幹線開業後は経営目線ではとてもやっていけないというものであった。200人という数字が事実なら、例えEF63形の補機をやめて箱根登山鉄道のような電車にするにしても、確かに厳しい。

　もちろん地元では激しい反対運動があったが、結局1989（平成元）年8月に高崎〜軽井沢間の新幹線建設が着工され、それに合わせて在来線横川〜軽井沢間の廃止が政府了解事項となった。

141

1990年代になると、115系の普通列車も、189系「あさま」も、489系「白山」といったおなじみの顔ぶれも塗色変更された。
1997年の廃止まで、カラフルな列車たちが峠を越えていった。写真／中村 忠

　1991（平成3）年に、1998（平成10）年の長野冬期オリンピック開催が決定、新幹線も長野までの区間をフル規格で建設することとなる。この結果、軽井沢〜篠ノ井間も並行在来線となることになった。

　1997（平成9）年9月30日限りで碓氷峠の鉄路は廃止された。1893（明治26）年4月開業以来、104年目。アプト式時代約70年、EF63形時代34年の歴史であった。

　翌日、華やかに北陸新幹線が長野まで開業、軽井沢〜篠ノ井間のしなの鉄道移管も実施された。

国鉄時代には決定していた
北陸新幹線のルート

　国鉄時代に検討された北陸新幹線のルートは複数あった。まず高崎から長野に12‰以下の勾配かつ最短となるコース取りをすると、浅間山の北側を走り、菅平高原から長野盆地に出るルートとなる。ただ、このルートは難工事とされた。

　次に考えられたのは南回りルートで、松井田から内山峠や物見山あたりを抜けて佐久盆地に出て、そこから現在の北陸新幹線のルートを進む。このルートにも、乗降客数が多くVIP対応の観点からも重要な軽井沢が無視されることに異議が出た。

　そこで再度検討、新幹線は電車のみの運行とい

う現実を加味し30‰の急勾配を許容することとし、在来線の5kmほど北側を地上の勾配線で走り、安中榛名からトンネルを続けて現・軽井沢駅に接続、その先は佐久盆地を回る現行のルートと、国鉄時代に内定していたのである。

　現行の北陸新幹線が走る高崎〜軽井沢間の通過ルートは、在来線碓氷峠とは通過位置こそ異なるが、フル規格新幹線の中では例外的な30‰急勾配があるという点で、往時の信越山線碓氷峠と同様の「掟破り」となっている。

おわりに

　横川に特急が入るとホームには大勢の釜飯売りがいる。寄ってくるEF63形、電車から飛び出して釜飯を買い、構内放送に急かされるように乗り込む乗客たち……。

　発車、空気バネが潰れたゴツゴツという乗り心地とゆっくり流れる緑の車窓。釜飯を食べ終わる頃、山の景色は明るく開け、真っ青な空が広がる軽井沢に到着。若者がどっと降りる……。

　峠のシェルパ「EF63」の時代の体験を持つ方はまだまだ多いことであろう。経験のない方もあの頃を知るために、週末、碓氷鉄道文化むらを訪れてはいかがであろうか。

STAFF

編　集
林 要介(「旅と鉄道」編集部)

デザイン
安部孝司

執　筆(五十音順)
高橋政士、松本正司、岩成政和(掲載章順)

取材写真撮影
高橋政士、林 要介(「旅と鉄道」編集部)

写真・資料協力(五十音順)
新井 泰、岡崎 圭、小寺幹久、高橋政士、辻阪昭浩、
中村 忠、長谷川智紀、PIXTA

取材協力
一般財団法人 碓氷峠交流記念財団 碓氷峠鉄道文化むら

参考文献

EF62・63形機関車、同 付図I・II(日本国有鉄道臨時車両設計事務所)、EF62・63形式直流電気機関車(量産)、同 付図(日本国有鉄道臨時車両設計事務所)、轆轤114 −高鉄運転史(日本国有鉄道高崎鉄道管理局)、日本国有鉄道百年史(日本国有鉄道)、長野電化完成(日本国有鉄道)、車両の80年(日本国有鉄道)、鉄道ピクトリアル 各号(電気車研究会)、鉄道ファン 各号(交友社)、JR全車輌ハンドブック 各号(ネコ・パブリッシング)

旅鉄車両ファイル005

国鉄 EF63形 電気機関車

2022年9月28日　初版第1刷発行

編　　　者　「旅と鉄道」編集部
発　行　人　勝峰富雄
発　　　行　株式会社 天夢人
　　　　　　〒101-0051　東京都千代田区神田神保町1-105
　　　　　　https://www.temjin-g.co.jp/
発　　　売　株式会社 山と渓谷社
　　　　　　〒101-0051　東京都千代田区神田神保町1-105
印刷・製本　大日本印刷株式会社

■内容に関するお問合せ先
　「旅と鉄道」編集部　info@temjin-g.co.jp
　電話03-6837-4680
■乱丁・落丁に関するお問合せ先
　山と渓谷社カスタマーセンター
　service@yamakei.co.jp
■書店・取次様からのご注文先
　山と渓谷社受注センター
　電話048-458-3455　FAX048-421-0513
■書店・取次様からのご注文以外のお問合せ先
　eigyo@yamakei.co.jp

"車両派"に読んでほしい「旅と鉄道」の書籍

旅鉄BOOKS 27

高橋政士・松本正司 著
A5判・176頁・1980円

国鉄・JR 機関車大百科

蒸気機関車と輸入機関車は、小史として各形式のエピソードを交えて紹介。旧型電気機関車は、技術的に関連する形式をまとめて関係が理解しやすい構成。新型・交流・交直流電気機関車、ディーゼル機関車は形式ごとに解説。技術発展がめざましいJR世代の機関車も詳しく紹介する。

旅鉄BOOKS 35

「旅と鉄道」編集部 編
A5判・160頁・1980円

小田急LSEの伝説

小田急ロマンスカー・7000形LSEは、展望席、豪華で快適な内装、バーミリオンオレンジの外観、そして連接構造で絶大な人気を集め、私鉄特急の代名詞的存在だった。小田急電鉄の全面協力を得て、内外装の取材のほか、技術者や運転士のインタビュー、貴重な写真や図版を掲載。

旅鉄BOOKS 38

「旅と鉄道」編集部 編
A5判・160頁・1980円

貨物鉄道読本

身近だけど乗れない鉄道……貨物鉄道。日本最大の貨物駅「東京貨物ターミナル駅」を徹底取材。さらに貨物列車を牽く機関車の形式解説や、主要コンテナおよびコキ車の解説などを掲載。貨物鉄道にまつわる基礎知識も解説しているので、貨物鉄道に詳しくなりたい人にもお勧め。

旅鉄BOOKS 40

小寺幹久 著
A5判・160頁・1980円

名鉄電車ヒストリー

名岐鉄道と愛知電気鉄道が合併して発足した名古屋鉄道（名鉄）。合併時に承継した車両の晩年の姿や、いもむしこと3400系や7000系パノラマカーなどの名車、最新の2000系や9500系、さらに機関車や貨車まで形式ごとに解説。名鉄車両の系譜を体系立てて紹介する。初出写真も多数掲載。

旅鉄車両ファイル 1

「旅と鉄道」編集部 編
B5判・144頁・2475円

国鉄103系 通勤形電車

日本の旅客車で最多の3447両が製造された通勤形電車103系。すでに多くの本で解説されている車両だが、本書では特に技術面に着目して解説する。さらに国鉄時代の編成や改造車の概要、定期運行した路線紹介などを掲載。図面も多数収録して、技術面から103系の理解を深められる。

旅鉄車両ファイル 2

佐藤博 著
B5判・144頁・2750円

国鉄 151系 特急形電車

1958年に特急「こだま」でデビューした151系電車（登場時は20系電車）。長年にわたり151系を研究し続けてきた著者が、豊富なディテール写真や図面などの資料を用いて解説する。先頭形状の変遷を描き分けたイラストは、151系から181系へ、わずか24年の短い生涯でたどった複雑な経緯を物語る。

旅鉄車両ファイル 3

「旅と鉄道」編集部 編
B5判・144頁・2530円

JR東日本 E4系 新幹線電車

2編成併結で高速鉄道で世界最多の定員1634人を実現したE4系Max。本書では車両基地での徹底取材、各形式の詳細な写真と形式図を掲載。また、オールダブルデッカー新幹線E1系・E4系の足跡、運転士・整備担当者へのインタビューを収録し、E4系を多角的に記録しています。

旅鉄車両ファイル 4

「旅と鉄道」編集部 編
B5判・144頁・2750円

国鉄 185系 特急形電車

特急にも普通列車にも使える異色の特急形電車として登場した185系。0番代と200番代があり、特急「踊り子」や「新幹線リレー号」、さらに北関東の「新特急」などで活躍をした。JR東日本で最後の国鉄型特急となった185系を、車両面、運用面から詳しく探求する。

発行：天夢人Temjin　　発売：山と渓谷社　　　　　　　　価格はすべて10%税込